Dr. Ben Raj
Dr. Reshma A.

Biologia das células estaminais

Dr. Ben Raj
Dr. Reshma A.

Biologia das células estaminais

ScienciaScripts

Imprint

Any brand names and product names mentioned in this book are subject to trademark, brand or patent protection and are trademarks or registered trademarks of their respective holders. The use of brand names, product names, common names, trade names, product descriptions etc. even without a particular marking in this work is in no way to be construed to mean that such names may be regarded as unrestricted in respect of trademark and brand protection legislation and could thus be used by anyone.

Cover image: www.ingimage.com

This book is a translation from the original published under ISBN 978-620-7-63945-8.

Publisher:
Sciencia Scripts
is a trademark of
Dodo Books Indian Ocean Ltd. and OmniScriptum S.R.L publishing group

120 High Road, East Finchley, London, N2 9ED, United Kingdom
Str. Armeneasca 28/1, office 1, Chisinau MD-2012, Republic of Moldova, Europe
Printed at: see last page
ISBN: 978-620-7-62300-6

Sobre os autores

O Dr. Ben Raj é o diretor do Departamento de Biotecnologia do St. Mary's College, Thrissur. Obteve o seu doutoramento em Biotecnologia na Universidade de Bharathiar, Coimbatore. Trabalha como revisor e editor em algumas revistas científicas com revisão por pares. Tem grandes interesses de investigação que se aprofundam nas paisagens intrincadas da biologia do cancro e da genética molecular.

A Dra. Reshma A é membro do corpo docente do Departamento de Biotecnologia do Mercy College, Palakkad. Foi galardoada com a bolsa de investigação de doutoramento do Primeiro-Ministro e recebeu o grau de doutoramento em Biotecnologia Microbiana da Universidade de Bharathiar, Coimbatore. A Nature Science Foundation distinguiu-a com o seu prémio de melhor cientista jovem em 2022. Os seus interesses de investigação centram-se na biotecnologia microbiana e nas suas aplicações industriais.

Biologia de **Células estaminais**

Prefácio

Bem-vindo a "Biologia das Células Estaminais", um livro de referência educacional concebido para proporcionar uma compreensão abrangente de um dos campos mais fascinantes da biologia moderna. As células estaminais revolucionaram a nossa compreensão da biologia do desenvolvimento, da medicina regenerativa e da modelação de doenças, oferecendo oportunidades sem precedentes para avanços científicos e descobertas médicas.

Este livro está estruturado para servir de guia abrangente, cobrindo uma vasta gama de tópicos essenciais para compreender os meandros da biologia das células estaminais. Quer seja um estudante a iniciar o seu percurso académico, um investigador a aprofundar as complexidades da regeneração celular ou um profissional de saúde à procura de conhecimentos sobre terapias de ponta, "Biologia das Células Estaminais" pretende ser o seu recurso de referência.

Neste volume, encontrará uma introdução completa aos conceitos fundamentais da biologia das células estaminais, elucidando os vários tipos de células estaminais, as suas propriedades distintas e os seus papéis no desenvolvimento e regeneração dos tecidos. Desde as células estaminais embrionárias, com o seu potencial pluripotente, até às células estaminais adultas especializadas que mantêm a homeostase dos tecidos, cada tipo oferece uma perspetiva única sobre os mecanismos subjacentes à própria vida.

Além disso, este livro explora as diversas aplicações das células estaminais em diferentes domínios, desde a sua utilização na medicina regenerativa até ao seu potencial na modelação de doenças e na descoberta de medicamentos.

Ao examinar as mais recentes investigações e ensaios clínicos, os leitores obterão informações valiosas sobre o estado atual e as perspectivas futuras das terapias baseadas em células estaminais, oferecendo esperança para o tratamento de uma miríade de doenças debilitantes.

No entanto, com grandes promessas vêm considerações éticas e implicações sociais. A "Biologia das Células Estaminais" aborda os dilemas éticos que rodeiam a investigação em células estaminais, discutindo as implicações morais, legais e sociais da manipulação de embriões humanos e da utilização de células estaminais para fins científicos e terapêuticos. Ao promover um diálogo informado, o nosso objetivo é navegar na paisagem ética e promover práticas responsáveis na comunidade científica.

Ao compilar este livro, o nosso objetivo é fornecer aos leitores um recurso abrangente que não só educa, mas também inspira a curiosidade e a inovação no campo da biologia das células estaminais. Quer seja um principiante à procura de conhecimentos básicos ou um perito experiente a ultrapassar os limites da investigação científica, "Biologia das Células Estaminais" pretende ser o seu companheiro nesta excitante viagem de descoberta.

Esperamos que "Biology of Stem Cells" seja um recurso valioso para estudantes, investigadores, clínicos, decisores políticos e todos aqueles que se sentem intrigados com o notável potencial das células estaminais para transformar o panorama da medicina e da biologia modernas.

Dr. Ben Raj

Dr. Reshma A

Índice

Células estaminais

As células estaminais são uma categoria notável de células com capacidades únicas que têm intrigado cientistas e profissionais da área médica durante décadas. A sua capacidade de auto-renovação e diferenciação em vários tipos de células especializadas torna-as inestimáveis para a investigação, medicina regenerativa e potenciais aplicações terapêuticas. Compreender os fundamentos das células estaminais, incluindo a sua classificação e fontes, é essencial para aproveitar o seu potencial para enfrentar uma vasta gama de desafios médicos.

Introdução:

As células estaminais são caracterizadas pela sua capacidade de auto-renovação e de se diferenciarem em tipos de células especializadas. Esta propriedade única permite-lhes repor outras células no corpo e contribuir para a reparação e regeneração dos tecidos. As células estaminais podem ser classificadas em termos gerais com base na sua origem e potencial de diferenciação.

Classificação das células estaminais:

As células estaminais são classificadas em dois tipos principais:

1. **Células estaminais embrionárias (ESCs):**

As células estaminais embrionárias são derivadas da massa celular interna dos blastocistos, que são embriões em fase inicial. Estas células são pluripotentes, o que significa que têm a capacidade de se diferenciar em qualquer tipo de célula do corpo. As CTE têm um enorme potencial para a medicina regenerativa e a investigação devido à sua versatilidade e capacidade de gerar diversas populações de células.

2. **Células estaminais adultas:**

As células estaminais adultas, também conhecidas como células estaminais somáticas ou específicas dos tecidos, encontram-se em vários tecidos e órgãos do corpo. Ao contrário das CTE, as células estaminais adultas são multipotentes, o que significa que podem diferenciar-se numa gama limitada de tipos de células específicas do seu tecido de origem. Estas células desempenham um papel crucial na reparação, regeneração e manutenção dos tecidos.

Fontes de células estaminais:

1. **Células estaminais embrionárias (ESCs):**

As células estaminais embrionárias são normalmente obtidas a partir de embriões excedentários gerados durante procedimentos de fertilização in vitro. Estes embriões são doados para fins de investigação com consentimento informado. O processo de extração envolve o isolamento da massa celular interna do blastocisto e a cultura das células in vitro para as propagar para investigação ou utilização terapêutica.

2. Células estaminais adultas:

As células estaminais adultas são colhidas de vários tecidos e órgãos do corpo, constituindo uma alternativa menos controversa às células estaminais embrionárias. As fontes comuns de células estaminais adultas incluem a medula óssea, o tecido adiposo, o sangue do cordão umbilical e certos órgãos adultos, como o cérebro e o fígado. Estas células podem ser obtidas através de procedimentos minimamente invasivos e são utilizadas em várias aplicações terapêuticas e de investigação.

As células estaminais representam uma fronteira promissora na investigação biomédica e na medicina regenerativa. As suas propriedades únicas tornam-nas ferramentas valiosas para compreender o desenvolvimento, modelar doenças e desenvolver novas terapias. Ao elucidar a classificação e as fontes das células estaminais, os investigadores podem continuar a explorar o seu potencial para responder a necessidades médicas não satisfeitas e melhorar a saúde humana.

Programação e Reprogramação de Células Estaminais

As células estaminais possuem a extraordinária capacidade de se auto-renovarem e de se diferenciarem em vários tipos de células, o que as torna inestimáveis para a medicina regenerativa e a investigação. Um dos aspectos mais intrigantes das células estaminais é a sua capacidade de serem programadas ou reprogramadas para adoptarem destinos específicos, oferecendo possibilidades interessantes de modelização de doenças, descoberta de medicamentos e aplicações terapêuticas.

Programação de células estaminais:

A programação refere-se ao processo de orientar a diferenciação de células estaminais em tipos de células específicos através de várias pistas de sinalização e factores ambientais. Este processo pode ocorrer naturalmente durante o desenvolvimento embrionário ou ser induzido in vitro em condições controladas. A programação das células estaminais envolve a manipulação do seu microambiente, frequentemente através da utilização de factores de crescimento, citocinas e pequenas moléculas, para orientar a sua diferenciação ao longo das linhagens desejadas.

Os investigadores fizeram progressos significativos na compreensão das vias de sinalização e das redes transcricionais que regem as decisões sobre o destino das células estaminais. Ao decifrar estes mecanismos moleculares, os cientistas podem conceber estratégias para programar as células estaminais em tipos de células específicos para aplicações como a engenharia de tecidos, terapias de substituição celular e modelação de doenças.

Reprogramação de células estaminais:

A reprogramação é o processo de reverter células diferenciadas para um estado pluripotente ou multipotente, reiniciando efetivamente o seu potencial de desenvolvimento. Esta capacidade de transformação foi demonstrada pela primeira vez pela descoberta pioneira das células estaminais pluripotentes induzidas (iPSC), em 2006, por Shinya Yamanaka e seus colegas. As iPSC são geradas pela introdução de factores de transcrição específicos, como Oct4, Sox2, Klf4 e c-Myc, em células somáticas, reprogramando-as efetivamente para apresentarem características semelhantes às das células estaminais embrionárias.

A descoberta das iPSCs revolucionou o campo da medicina regenerativa ao proporcionar uma alternativa ética e clinicamente viável às células estaminais embrionárias. As iPSCs oferecem o potencial para gerar terapias celulares específicas para cada doente, modelar doenças in vitro e estudar os mecanismos celulares subjacentes a várias doenças. Além disso, a tecnologia das iPSC possibilitou abordagens de medicina personalizada, permitindo o desenvolvimento de tratamentos adaptados com base na constituição genética de um indivíduo.

Aplicações e desafios:

A programação e a reprogramação de células estaminais são extremamente promissoras para aplicações biomédicas, incluindo a medicina regenerativa, a descoberta de medicamentos e a modelação de doenças. No entanto, há ainda vários desafios a enfrentar, incluindo a otimização de protocolos para uma conversão celular eficiente e segura, o desenvolvimento de métodos de diferenciação normalizados e a elucidação de potenciais riscos, como a instabilidade genómica e a tumorigenicidade associadas às técnicas de reprogramação.

Apesar destes desafios, os esforços de investigação em curso continuam a fazer avançar a nossa compreensão da programação e reprogramação das células estaminais, impulsionando a inovação na biotecnologia e abrindo caminho a terapias transformadoras para responder a necessidades médicas não satisfeitas.

Células estaminais específicas de tecidos: Células estaminais embrionárias hematopoiéticas e neurais

As células estaminais tecido-específicas são células especializadas presentes em vários tecidos, responsáveis pela manutenção e reposição de populações celulares específicas ao longo da vida de um organismo. As células estaminais hematopoiéticas embrionárias (HSCs) e as células estaminais neurais (NSCs) são dois tipos significativos de células estaminais tecido-específicas, cruciais para a formação de células sanguíneas e para a neurogénese, respetivamente. Compreender a sua classificação, fontes e potencial terapêutico é essencial para o avanço da medicina regenerativa e para o tratamento de várias doenças.

Classificação:

1. **Células estaminais hematopoiéticas embrionárias (HSCs):**

    - As células estaminais hematopoiéticas são um subconjunto de células estaminais tecido-específicas derivadas da mesoderme durante o desenvolvimento embrionário.

- São classificadas com base na sua capacidade de auto-renovação e de se diferenciarem em várias linhagens de células sanguíneas, incluindo eritrócitos, leucócitos e plaquetas.

- Os HSCs são ainda classificados em HSCs de longo prazo (LT-HSCs), HSCs de curto prazo (ST-HSCs) e progenitores multipotentes (MPPs) com base no seu potencial de diferenciação e capacidade de auto-renovação.

2. **Células estaminais neurais (NSCs):**

- As NSC são células estaminais tecido-específicas localizadas no sistema nervoso central (SNC) e derivam da camada germinativa ectodérmica durante o desenvolvimento embrionário.

- Caracterizam-se pela sua capacidade de auto-renovação e de se diferenciarem em neurónios, astrócitos e oligodendrócitos, que constituem os principais tipos de células do SNC.

- As NSC podem ser classificadas em células gliais radiais, que servem como progenitores neurais durante o desenvolvimento embrionário precoce, e NSC adultas, que se encontram em regiões específicas do cérebro adulto, como a zona subventricular e o giro denteado do hipocampo.

Fontes:

1. **Células estaminais hematopoiéticas embrionárias (HSCs):**

- As CSH têm origem em grupos especializados de células denominadas endotélio hemogénico, que surgem dos tecidos mesodérmicos durante o desenvolvimento embrionário.

- Estas células podem ser isoladas de vários tecidos embrionários, incluindo a região aorta-gonada-mesonefro (AGM), o fígado fetal e o saco vitelino, que servem como locais primários de hematopoiese durante diferentes fases do desenvolvimento embrionário.

2. **Células estaminais neurais (NSCs):**

- Durante o desenvolvimento embrionário, as CTN têm origem em regiões específicas do tubo neural, incluindo a zona ventricular e a zona subventricular.

- No cérebro adulto, as NSCs persistem em nichos especializados, como a zona subventricular dos ventrículos laterais e a zona subgranular do giro dentado no hipocampo.

Potencial terapêutico: Tanto as HSCs como as NSCs embrionárias têm um potencial terapêutico significativo para a medicina regenerativa e o tratamento de doenças:

- As HSC são amplamente utilizadas em terapias de transplante de medula óssea para doenças hematológicas, como a leucemia, o linfoma e a anemia aplástica.

- As NSC oferecem vias promissoras para o tratamento de doenças neurodegenerativas, lesões da espinal medula e perturbações neurológicas, estando a investigação em curso centrada no aproveitamento das suas capacidades regenerativas para reparar o tecido neural danificado e restaurar a função neurológica.

Células estaminais embrionárias: Blastocistos e células da massa celular interna

As células estaminais embrionárias (CTE) são um tipo de células estaminais pluripotentes derivadas da massa celular interna (MCI) dos blastocistos, que são embriões em fase inicial. Estas células possuem a notável capacidade de se diferenciarem em qualquer tipo de célula do corpo, o que as torna inestimáveis para a investigação, a medicina regenerativa e potenciais aplicações terapêuticas. Compreender a origem e as características das células estaminais embrionárias é crucial para aproveitar o seu potencial para os avanços científicos e médicos.

Blastocistos:

Os blastocistos são estruturas ocas e esféricas formadas durante as fases iniciais do desenvolvimento embrionário, normalmente cerca de cinco a seis dias após a fertilização nos mamíferos. Eles consistem em três estruturas primárias:

1. **Trofoblasto:** A camada externa de células que eventualmente dará origem à placenta e a outros tecidos extra-embrionários.

2. **Blastocoel:** A cavidade cheia de líquido dentro do blastocisto.

3. **Massa Celular Interna (MCI):** Um aglomerado de células localizado numa extremidade do blastocisto, oposto ao trofoblasto. A MCI é composta por células pluripotentes que acabarão por se diferenciar nos vários tipos de células do embrião propriamente dito.

Células da massa celular interna:

As células da massa celular interna são uma população de células pluripotentes no interior do blastocisto, capazes de dar origem a todos os tipos de células do embrião, excluindo os tecidos extra-embrionários. Estas células são a fonte das células estaminais embrionárias, que podem ser isoladas e cultivadas in vitro para fins de investigação e potencialmente terapêuticos.

O processo de isolamento das células da massa celular interna envolve a dissecção cuidadosa do blastocisto e a separação da MCI do trofoblasto. As células isoladas da massa celular interna podem então ser cultivadas em condições específicas que promovem a sua auto-renovação e pluripotência.

Características das células estaminais embrionárias:

As células estaminais embrionárias derivadas da massa celular interna apresentam várias características distintas:

1. **Pluripotência:** As CTE têm o potencial de se diferenciar em todos os tipos de células do corpo, incluindo derivados da ectoderme, mesoderme e endoderme.

2. **Auto-renovação:** As CTE podem sofrer numerosas divisões celulares, mantendo o seu estado pluripotente, o que as torna uma fonte sustentável de células para investigação e terapia.

3. **Expressão de marcadores:** As ESCs expressam marcadores específicos associados à pluripotência, como Oct4, Sox2 e Nanog, que são essenciais para manter o seu estado indiferenciado.

Aplicações e implicações para a investigação:

As células estaminais embrionárias são muito promissoras para várias aplicações, incluindo:

- Modelação de doenças: As CTE podem ser diferenciadas em tipos específicos de células afectadas por doenças, permitindo aos investigadores estudar os mecanismos das doenças e desenvolver potenciais tratamentos.

- Medicina regenerativa: As CTE têm o potencial de substituir tecidos e órgãos danificados ou doentes através de terapias de transplante.

- Descoberta de medicamentos: As células derivadas de CTE podem ser utilizadas para o rastreio de elevado rendimento de candidatos a medicamentos e para testes de toxicidade.

Organogénese

A organogénese é o processo pelo qual os órgãos se desenvolvem a partir de tecidos embrionários através de uma série de eventos coordenados, incluindo a proliferação, diferenciação e morfogénese celulares. As células estaminais desempenham um papel fundamental na organogénese, servindo como blocos de construção para a formação de tecidos e contribuindo para o estabelecimento de órgãos funcionais durante o desenvolvimento embrionário e posteriormente. A compreensão da intrincada interação entre as células estaminais e a organogénese é crucial para o avanço da medicina regenerativa e das estratégias de engenharia de tecidos destinadas a reparar ou substituir órgãos danificados ou doentes.

Desenvolvimento embrionário e organogénese:

Durante o desenvolvimento embrionário, a organogénese começa com a formação das três camadas germinativas primárias: ectoderme, mesoderme e endoderme. Estas camadas dão origem aos vários tecidos e órgãos do corpo através de um processo conhecido como gastrulação. Após a gastrulação, a organogénese prossegue através de uma série de interacções moleculares e celulares complexas que regulam a especificação, a modelação e a diferenciação das células precursoras em estruturas orgânicas distintas.

Papel das células estaminais na organogénese:

As células estaminais desempenham um papel fundamental em várias fases da organogénese:

1. **Células estaminais embrionárias (CTE):** As CTEs, derivadas da massa celular interna do blastocisto, possuem potencial pluripotente, o que significa que podem diferenciar-se em células das três camadas germinativas. Durante o desenvolvimento embrionário inicial, as CTE contribuem para a formação dos primórdios dos órgãos através da sua capacidade de se diferenciarem em linhagens celulares específicas. Estas

células funcionam como uma fonte renovável de células precursoras necessárias para a organogénese.

2. **Células estaminais específicas dos tecidos:** À medida que a organogénese progride, as células estaminais específicas dos tecidos, também conhecidas como células estaminais adultas ou somáticas, tornam-se cada vez mais importantes. Estas células estaminais residem em tecidos e órgãos específicos e são responsáveis pela manutenção da homeostasia dos tecidos e contribuem para a reparação e regeneração dos órgãos ao longo da vida. Durante a organogénese, as células estaminais tecido-específicas sofrem proliferação e diferenciação para gerar os diversos tipos de células necessários à formação e funcionamento dos órgãos.

Regulação da organogénese por vias de sinalização:

Várias vias de sinalização fundamentais regulam o processo de organogénese e regem o comportamento das células estaminais:

1. **Sinalização Hedgehog (Hh):** A sinalização Hh desempenha um papel crucial na modelação e morfogénese durante a organogénese, controlando a especificação do destino das células e a modelação dos tecidos.

2. **Sinalização Wnt/β-Catenina:** A via Wnt/β-catenina regula a proliferação celular, a diferenciação e a polaridade durante a organogénese, contribuindo para a formação de vários órgãos, incluindo o cérebro, o coração e os rins.

3. **Sinalização Notch:** A sinalização Notch está envolvida na determinação do destino e diferenciação celular durante a organogénese, influenciando o comportamento das células estaminais e o padrão dos tecidos.

4. **Sinalização da Proteína Morfogenética Óssea (BMP):** A sinalização BMP regula a diferenciação celular e a morfogénese dos tecidos durante a organogénese, particularmente no desenvolvimento dos tecidos esqueléticos e nervosos.

Aplicações em medicina regenerativa:

A compreensão dos princípios da organogénese e da biologia das células estaminais tem implicações significativas para a medicina regenerativa e a engenharia de tecidos. Ao aproveitar o potencial regenerativo das células estaminais, os investigadores pretendem desenvolver novas terapias para a reparação e substituição de órgãos. As estratégias que envolvem o transplante de células estaminais, isoladamente ou em combinação com suportes biomateriais e factores de crescimento, são promissoras para restaurar a função dos órgãos e melhorar os resultados dos doentes em várias doenças.

Tecnologia de transferência nuclear de mamíferos

A tecnologia de transferência nuclear de mamíferos, muitas vezes referida como clonagem, é uma técnica revolucionária que permite a geração de organismos geneticamente idênticos através da transferência do núcleo de uma célula somática para um oócito enucleado (célula-ovo). Esta tecnologia tem implicações profundas na investigação fundamental, na agricultura e na medicina, oferecendo conhecimentos sobre a reprogramação celular, a biologia do desenvolvimento e a criação de modelos animais para doenças humanas.

Princípios da transferência nuclear de mamíferos:

O processo de transferência nuclear de mamíferos envolve várias etapas fundamentais:

1. **Seleção da célula dadora:** Uma célula somática, normalmente derivada da pele ou de outros tecidos, é selecionada como célula dadora. A célula dadora contém o material genético (ADN) do organismo a ser clonado.

2. **Colheita de oócitos:** Os ovócitos são colhidos de uma fêmea e enucleados para remover o seu núcleo, deixando para trás os componentes citoplasmáticos, incluindo organelos e factores maternos necessários para o desenvolvimento inicial.

3. **Transferência nuclear:** O núcleo da célula dadora é então transferido para o oócito enucleado utilizando técnicas de micromanipulação, tais como agulhas de vidro finas ou pipetas especializadas. O núcleo do dador funde-se com o oócito recetor, formando um embrião reconstruído.

4. **Ativação e cultura:** O embrião reconstruído é ativado artificialmente para iniciar a divisão celular, imitando o processo natural de fertilização. O embrião é então cultivado in vitro em condições controladas para apoiar o seu desenvolvimento até à fase de blastocisto.

5. **Transferência de embriões:** Finalmente, os embriões clonados são transferidos para mães de aluguer, onde se implantam e se desenvolvem até ao fim, resultando no nascimento de descendentes clonados que são geneticamente idênticos ao organismo dador.

Aplicações da transferência nuclear de mamíferos:

A tecnologia de transferência nuclear de mamíferos tem diversas aplicações em vários domínios:

1. **Investigação fundamental:** A clonagem permite aos investigadores estudar o processo de reprogramação celular e a regulação epigenética. Fornece informações sobre os factores que influenciam a expressão genética e o potencial de desenvolvimento, lançando luz sobre processos biológicos fundamentais.

2. **Agricultura:** A clonagem tem sido utilizada na agricultura animal para propagar gado de elite com características desejáveis, como uma elevada produção de leite ou resistência a doenças. Os animais clonados podem servir como valiosos reprodutores, melhorando a eficiência e a produtividade da criação de gado.

3. **Investigação biomédica:** A clonagem permite a criação de modelos animais geneticamente modificados para estudar doenças humanas e testar

potenciais terapias. Estes modelos fornecem ferramentas valiosas para compreender os mecanismos das doenças, avaliar a eficácia dos medicamentos e desenvolver abordagens de medicina personalizada.

4. **Conservação:** Nos esforços de conservação de espécies ameaçadas, a clonagem oferece uma estratégia potencial para preservar a diversidade genética e salvar espécies à beira da extinção. Ao clonar indivíduos a partir de tecidos ou células preservados, os conservacionistas podem reintroduzir a diversidade genética em populações em declínio.

Considerações éticas:

A utilização da tecnologia de transferência nuclear de mamíferos suscita preocupações éticas, nomeadamente no que respeita ao bem-estar dos animais, à clonagem reprodutiva em seres humanos e ao potencial de utilização ou exploração indevidas. Os quadros éticos e a supervisão regulamentar são essenciais para garantir uma utilização responsável e ética da tecnologia de clonagem, maximizando os seus benefícios e minimizando os riscos.

Diferenciação de células estaminais:

A diferenciação das células estaminais é o processo pelo qual células estaminais não especializadas se desenvolvem em tipos de células especializadas com funções específicas. Este processo biológico crucial é fortemente regulado por vários mecanismos moleculares, incluindo vias de sinalização, factores de transcrição e modificações epigenéticas. A diferenciação das células estaminais desempenha um papel fundamental no desenvolvimento embrionário, na regeneração dos tecidos e na homeostasia dos organismos adultos. A compreensão dos mecanismos subjacentes à diferenciação das células estaminais é essencial para aproveitar o potencial terapêutico das células estaminais na medicina regenerativa e na modelação de doenças.

Tipos de diferenciação de células estaminais:

A diferenciação das células estaminais pode ser classificada em dois tipos principais:

1. Diferenciação de células estaminais embrionárias (ESC):

As células estaminais embrionárias, derivadas da massa celular interna dos blastocistos, possuem potencial pluripotente, o que significa que podem diferenciar-se em células das três camadas germinativas: ectoderme, mesoderme e endoderme. A diferenciação das CTE é regida por redes de sinalização complexas e redes de regulação da transcrição que especificam o destino das células e o compromisso com as linhagens. Os protocolos de diferenciação dirigida que envolvem a modulação de factores de crescimento, citocinas e pequenas moléculas permitem a diferenciação controlada das CTE em tipos de células desejados para várias aplicações, como a engenharia de tecidos e a modelização de doenças.

2. Diferenciação de células estaminais adultas:

As células estaminais adultas, também conhecidas como células estaminais somáticas ou específicas dos tecidos, residem em tecidos e órgãos específicos de todo o corpo e contribuem para a reparação e regeneração dos tecidos. A diferenciação das células estaminais adultas é dependente do contexto e influenciada por sinais microambientais, incluindo factores de nicho e interacções célula-célula. Estas células apresentam um potencial de diferenciação multipotente ou unipotente, dando origem a uma gama limitada de tipos de células específicas do seu tecido de origem. A diferenciação das células estaminais adultas pode ser modulada por estímulos fisiológicos, sinais de lesão e intervenções terapêuticas para promover a regeneração e reparação de tecidos in vivo.

Mecanismos de diferenciação das células estaminais:

Vários mecanismos moleculares regulam a diferenciação das células estaminais:

1. **Vias de sinalização:** As principais vias de sinalização, incluindo a

sinalização Wnt, Notch, Hedgehog e BMP, desempenham um papel fundamental no controlo das decisões sobre o destino das células estaminais e na especificação das linhagens durante a diferenciação.

2. **Factores de transcrição:** Os factores de transcrição principais e os reguladores de transcrição específicos das linhagens orquestram os programas de expressão genética que conduzem à diferenciação das células estaminais ao longo de linhagens específicas.

3. **Regulação epigenética:** As modificações epigenéticas, como a metilação do ADN, as modificações das histonas e a remodelação da cromatina, regulam dinamicamente os padrões de expressão dos genes durante a diferenciação das células estaminais, modulando a acessibilidade da cromatina e a transcrição dos genes.

4. **Criopreservação de células estaminais**

Introdução à criopreservação de células estaminais:

A criopreservação de células estaminais é uma técnica vital utilizada para preservar as células estaminais a temperaturas ultrabaixas, de modo a manter a sua viabilidade, funcionalidade e integridade genética para armazenamento a longo prazo. Este processo envolve o arrefecimento das células estaminais a temperaturas abaixo de zero, normalmente em azoto líquido (-196°C), para interromper a atividade biológica e evitar danos celulares. A criopreservação permite o armazenamento de populações de células estaminais para utilização futura em investigação, aplicações clínicas e medicina regenerativa, proporcionando um recurso valioso para os avanços científicos e tratamentos médicos.

Princípios da criopreservação de células estaminais:

A criopreservação de células estaminais assenta em vários princípios-chave para garantir uma preservação e viabilidade bem sucedidas após a descongelação:

1. **Crioprotectores:** Os agentes crioprotectores, como o dimetilsulfóxido (DMSO), o glicerol e o etilenoglicol, são adicionados às suspensões de células estaminais antes da congelação para proteger as células da formação de cristais de gelo e dos danos celulares durante o processo de congelação. Estes crioprotectores penetram nas células e

   vitrificam o ambiente intracelular, evitando a formação de cristais de gelo e minimizando a lesão celular.

2. **Taxas de arrefecimento controladas:** As taxas de arrefecimento controladas são essenciais para minimizar a crioinjúria e otimizar a sobrevivência das células durante a congelação. As taxas de arrefecimento lentas permitem a desidratação gradual das células e a formação de gelo intracelular, reduzindo o stress osmótico e preservando a viabilidade celular. As técnicas avançadas de criopreservação, como a congelação de taxa controlada e os dispositivos de arrefecimento controlados por computador, permitem um controlo preciso das taxas de arrefecimento para obter resultados de preservação óptimos.

3. **Condições de armazenamento:** As células estaminais são armazenadas em recipientes de armazenamento criogénico, como frascos criogénicos ou sacos criogénicos, cheios de azoto líquido para manter temperaturas inferiores a -150°C. Estas condições de armazenamento criogénico asseguram a estabilidade e a viabilidade a longo prazo das células estaminais criopreservadas, permitindo períodos de armazenamento prolongados sem comprometer a qualidade das células.

4. **Protocolos de descongelação:** Os protocolos de descongelação envolvem o aquecimento gradual das células estaminais criopreservadas para minimizar o choque térmico e maximizar a recuperação das células após a descongelação. As taxas de descongelação controladas e a utilização de meios de descongelação que contenham diluentes crioprotectores ajudam a

evitar o choque osmótico e a preservar a viabilidade das células durante o processo de descongelação.

Aplicações da criopreservação de células estaminais:

A criopreservação de células estaminais tem diversas aplicações em vários domínios, incluindo:

1. **Investigação:** Os bancos de células estaminais criopreservadas constituem recursos inestimáveis para a investigação científica, permitindo o estudo da biologia das células estaminais, a modelização de doenças, a descoberta de medicamentos e a medicina regenerativa. As células estaminais criopreservadas fornecem aos investigadores uma fonte consistente e reprodutível de células para experimentação, reduzindo a variabilidade e aumentando a fiabilidade experimental.

2. **Aplicações clínicas:** As células estaminais criopreservadas têm aplicações clínicas significativas em terapias de transplante de células estaminais para o tratamento de várias doenças e perturbações, incluindo doenças hematológicas malignas, doenças auto-imunes e perturbações genéticas. As células estaminais hematopoiéticas criopreservadas, as células estaminais mesenquimatosas e outros tipos de células podem ser utilizadas em transplantes autólogos ou alogénicos para restaurar a hematopoiese, promover a reparação de tecidos e modular as respostas imunitárias nos doentes.

3. **Biobancos:** Os bancos de células estaminais criopreservadas servem como repositórios essenciais para o armazenamento e preservação a longo prazo de populações de células estaminais para utilização futura em ensaios clínicos, medicina personalizada e terapias regenerativas. As células estaminais armazenadas em biobancos constituem um recurso valioso para a correspondência entre dadores e receptores, facilitando o acesso atempado

a fontes de células estaminais compatíveis para transplante e tratamento.

Desafios e considerações:

Apesar dos inúmeros benefícios da criopreservação de células estaminais, há que ter em conta vários desafios e considerações:

1. **Crioinjúria:** A criopreservação pode induzir danos celulares e reduzir a viabilidade e a funcionalidade das células, sobretudo se forem utilizadas medidas de crioprotecção inadequadas ou protocolos de congelação/descongelação abaixo do ideal. A minimização da crioinjúria requer a otimização dos protocolos de criopreservação e medidas rigorosas de controlo de qualidade para garantir resultados de preservação óptimos.

2. **Estabilidade genética: O** armazenamento prolongado de células estaminais criopreservadas pode afetar a estabilidade genética e a integridade epigenética, conduzindo a mutações genéticas, aberrações cromossómicas ou alterações no comportamento celular ao longo do tempo. A monitorização da qualidade das células estaminais e da estabilidade genética através de uma caraterização rigorosa e de protocolos de garantia de qualidade é essencial para garantir a segurança e a eficácia das células estaminais criopreservadas para aplicações clínicas.

3. **Conformidade regulamentar:** A conformidade com as directrizes e normas regulamentares que regem os bancos de células estaminais, a criopreservação e o transplante é fundamental para garantir os aspectos éticos, legais e de segurança das terapias baseadas em células estaminais. A adesão às directrizes de Boas Práticas de Fabrico (BPF), aos requisitos de acreditação e às directrizes éticas para a investigação de células estaminais e a tradução clínica é essencial para manter a integridade e a credibilidade das práticas de criopreservação de células estaminais.

Aplicação das células estaminais: Visão geral das células estaminais embrionárias e adultas para terapia

As células estaminais surgiram como ferramentas promissoras na medicina e terapia regenerativas devido à sua capacidade única de auto-renovação e diferenciação em vários tipos de células. Dois tipos principais de células estaminais, as células estaminais embrionárias (ESCs) e as células estaminais adultas, oferecem vantagens e desafios distintos para aplicações terapêuticas. Esta panorâmica geral fornecerá informações sobre o potencial das células estaminais embrionárias e adultas para a terapia, destacando as suas aplicações, vantagens e limitações.

Células estaminais embrionárias (ESCs) para terapia:

As células estaminais embrionárias derivam da massa celular interna dos blastocistos e possuem potencial pluripotente, o que significa que podem diferenciar-se em qualquer tipo de célula do corpo. A pluripotência das CTE torna-as candidatas atractivas para a medicina e a terapia regenerativas. As principais aplicações das CTE incluem:

1. **Engenharia e Regeneração de Tecidos:** As CTE podem ser diferenciadas em tipos específicos de células relevantes para a engenharia de tecidos e a medicina regenerativa, tais como cardiomiócitos para reparação cardíaca, neurónios para lesões cerebrais e da espinal medula e células beta pancreáticas para o tratamento da diabetes. As populações de células derivadas de CTE são promissoras para restaurar a função dos tecidos e promover a regeneração em várias doenças.

2. **Descoberta de medicamentos e modelação de doenças:** As CTE oferecem plataformas valiosas para a descoberta de medicamentos e a modelação de doenças, proporcionando uma fonte consistente e reprodutível de células humanas para estudos in vitro. Os modelos de células derivadas de CTE permitem aos investigadores estudar os

mecanismos das doenças, analisar potenciais terapêuticas e avaliar a eficácia e a toxicidade dos medicamentos num ambiente controlado, facilitando o desenvolvimento de novos tratamentos para várias doenças.

3. **Terapia de substituição celular:** As terapias de substituição celular baseadas em CTE têm por objetivo substituir células danificadas ou disfuncionais por células saudáveis e funcionais derivadas de CTE. Os ensaios clínicos que utilizam terapias celulares derivadas de CTE revelaram resultados promissores em doenças como a degenerescência macular, a lesão da espinal medula e a doença de Parkinson, demonstrando o potencial terapêutico das intervenções baseadas em CTE.

Vantagens das CTEs para a terapia:

- O potencial pluripotente permite a diferenciação em diversos tipos de células.

- A elevada capacidade de proliferação permite a produção em escala de populações de células terapêuticas.

- A versatilidade facilita amplas aplicações em engenharia de tecidos, modelação de doenças e terapia celular.

Limitações das CTE para terapia:

- Preocupações éticas relativas à destruição de embriões na derivação de CTE.

- Risco de formação de teratomas e imunogenicidade em terapias celulares derivadas de CTE.

- Desafios no controlo da diferenciação e na garantia da segurança e eficácia das intervenções baseadas no CES.

Células estaminais adultas para terapia:

As células estaminais adultas, também conhecidas como células estaminais somáticas ou específicas dos tecidos, residem em tecidos e órgãos específicos do corpo e contribuem para a reparação e regeneração dos tecidos. Ao contrário das CTE, as células estaminais adultas são multipotentes ou oligopotentes, o que significa que têm um potencial de diferenciação mais limitado. As principais aplicações das células estaminais adultas incluem

1. **Terapia celular autóloga:** As células estaminais adultas podem ser isoladas a partir dos próprios tecidos dos doentes, como a medula óssea, o tecido adiposo ou o sangue do cordão umbilical, e utilizadas para a terapia celular autóloga. Estas células são utilizadas em vários contextos clínicos, incluindo ortopedia, cardiologia e dermatologia, para reparação e regeneração de tecidos.

2. **Imunomodulação e efeitos anti-inflamatórios:** As células estaminais adultas exercem efeitos imunomoduladores e anti-inflamatórios, o que as torna candidatas promissoras para o tratamento de doenças imunomediadas, tais como a doença do enxerto contra o hospedeiro (GVHD), doenças auto-imunes e condições inflamatórias. As células estaminais mesenquimais (MSCs) são particularmente bem estudadas pelas suas propriedades imunomoduladoras e potenciais aplicações terapêuticas.

3. **Engenharia de Tecidos e Medicina Regenerativa:** As células estaminais adultas são utilizadas em abordagens de engenharia de tecidos e medicina regenerativa para promover a reparação e regeneração de tecidos. As MSC, por exemplo, podem ser semeadas em suportes e implantadas em tecidos lesionados para facilitar a regeneração dos tecidos e a recuperação funcional.

Vantagens das células estaminais adultas para a terapia:

- Fontes abundantes em vários tecidos adultos, permitindo procedimentos de colheita minimamente invasivos.

- Preocupações éticas reduzidas em comparação com as CTE, uma vez que não envolvem a destruição de embriões.

- Potencial para transplante autólogo, reduzindo o risco de rejeição imunitária.

Limitações da terapia com células estaminais adultas:

- Potencial de diferenciação limitado em comparação com as CTE.

- Diminuição da função das células estaminais e da capacidade de regeneração com a idade.

- Heterogeneidade e variabilidade das populações de células estaminais entre indivíduos e tecidos.

Tanto as células estaminais embrionárias como as adultas são muito promissoras para aplicações terapêuticas em medicina regenerativa, oferecendo vantagens e desafios distintos. Enquanto as CTE oferecem um potencial pluripotente e amplas capacidades de diferenciação, as células estaminais adultas oferecem vantagens em termos de considerações éticas, disponibilidade e transplante autólogo. São necessários esforços contínuos de investigação para ultrapassar os desafios existentes e aproveitar todo o potencial terapêutico das células estaminais para responder a necessidades médicas não satisfeitas e melhorar os resultados dos doentes.

Células estaminais para terapia de doenças neurodegenerativas

Introdução:

As doenças neurodegenerativas representam um grupo de doenças debilitantes caracterizadas por uma degeneração progressiva dos neurónios e por deficiências funcionais associadas. Apesar dos avanços nos tratamentos sintomáticos, não existem atualmente terapias curativas para a maioria das doenças neurodegenerativas. As terapias baseadas em células estaminais oferecem estratégias promissoras para a modificação da doença e a reparação neural, substituindo as células perdidas ou danificadas, promovendo a neuroprotecção e modulando as respostas inflamatórias no sistema nervoso central (SNC). Esta nota fornece uma visão geral da utilização de células estaminais na terapia de doenças neurodegenerativas, destacando avanços recentes, desafios e direcções futuras.

Tipos de células estaminais para terapia neurodegenerativa:

1. **Células estaminais embrionárias (CTE):** As CTE, derivadas da massa celular interna dos blastocistos, possuem potencial pluripotente e podem diferenciar-se em vários tipos de células, incluindo neurónios e células gliais. As terapias baseadas em CTE são promissoras para a substituição de células perdidas ou disfuncionais em doenças neurodegenerativas como a doença de Parkinson (DP), a doença de Huntington (HD) e a esclerose lateral amiotrófica (ALS).

2. **Células estaminais pluripotentes induzidas (iPSC):** as iPSC são reprogramadas a partir de células somáticas, oferecendo modelos específicos de doentes para a modelação de doenças, o rastreio de medicamentos e terapias personalizadas. As células neurais derivadas de iPSC podem recapitular fenótipos de doenças e servir como ferramentas valiosas para estudar os mecanismos das doenças e testar potenciais terapêuticas in vitro.

3. **Células estaminais neurais adultas (NSCs):** As NSCs residem em regiões específicas do cérebro adulto, como a zona subventricular (SVZ) e o giro denteado do hipocampo. As CTN têm a capacidade de se auto-renovar e de se diferenciar em neurónios, astrócitos e oligodendrócitos. O transplante de NSCs exógenas ou a modulação da atividade das NSCs endógenas tem potencial para melhorar a reparação neural e a recuperação funcional em condições neurodegenerativas.

4. **Células estaminais mesenquimais (MSCs):** As MSCs, isoladas de vários

tecidos adultos, possuem propriedades imunomoduladoras e neuroprotectoras. As terapias baseadas em MSC mostraram-se promissoras em modelos pré-clínicos de doenças neurodegenerativas, atenuando a neuroinflamação, promovendo a sobrevivência neuronal e melhorando a reparação dos tecidos.

Aplicações das células estaminais na terapia neurodegenerativa:

1. **Terapia de substituição celular:** O transplante de células estaminais visa substituir os neurónios perdidos ou disfuncionais e restaurar os circuitos neuronais nas doenças neurodegenerativas. Os neurónios dopaminérgicos derivados de CTE foram transplantados para o cérebro de doentes com DP, demonstrando potencial para melhorar os sintomas motores e reduzir a necessidade de medicação dopaminérgica.

2. **Efeitos Neuroprotectores e Imunomoduladores:** As células estaminais segregam vários factores neurotróficos, citocinas e moléculas anti-inflamatórias que exercem efeitos neuroprotectores e imunomoduladores no SNC. As terapias baseadas em MSC têm sido investigadas pela sua capacidade de modular a neuroinflamação e promover a sobrevivência neuronal em condições neurodegenerativas.

3. **Reforço dos mecanismos de reparação endógenos:** As células estaminais podem melhorar os mecanismos de reparação endógenos, promovendo a neurogénese, a sinaptogénese e a regeneração axonal no SNC. As terapias baseadas em NSC têm como objetivo aproveitar o potencial regenerativo das NSC endógenas para substituir células perdidas ou danificadas e restaurar a função dos tecidos em doenças neurodegenerativas.

Desafios e considerações:

1. **Segurança e eficácia:** Garantir a segurança e a eficácia das terapias baseadas

em células estaminais continua a ser um desafio crítico, particularmente no que diz respeito ao risco de formação de tumores, rejeição imunitária e efeitos fora do alvo. Estudos pré-clínicos exaustivos e uma conceção rigorosa dos ensaios clínicos são essenciais para avaliar o potencial terapêutico das intervenções com células estaminais nas doenças neurodegenerativas.

2. **Otimização da entrega e integração das células:** A otimização dos métodos de entrega, sobrevivência, migração e integração das células nos tecidos hospedeiros é crucial para maximizar os benefícios terapêuticos do transplante de células estaminais em doenças neurodegenerativas. Os suportes de biomateriais, os factores de crescimento e as abordagens de engenharia celular podem melhorar o enxerto e a integração das células no SNC.

3. **Considerações éticas e regulamentares:** As considerações éticas que envolvem a utilização de células estaminais embrionárias humanas e o processo de consentimento informado para ensaios clínicos baseados em células estaminais devem ser cuidadosamente abordadas. A supervisão regulamentar e a adesão às directrizes de Boas Práticas de Fabrico (BPF) são essenciais para garantir a qualidade, segurança e conduta ética das terapias baseadas em células estaminais.

As terapias baseadas em células estaminais são muito promissoras para o tratamento de doenças neurodegenerativas, proporcionando abordagens inovadoras para a reparação neural, a neuroprotecção e a modificação da doença. Embora tenham sido feitos progressos consideráveis na investigação pré-clínica e nos ensaios clínicos em fase inicial, justifica-se uma investigação mais aprofundada para enfrentar os desafios remanescentes e fazer avançar as intervenções baseadas em células estaminais para tratamentos seguros e eficazes para doentes com doenças neurodegenerativas.

Terapia com células estaminais para a doença de Parkinson e a doença de Alzheimer

A doença de Parkinson (DP) e a doença de Alzheimer (DA) são doenças neurodegenerativas progressivas caracterizadas pela perda de populações neuronais específicas e por deficiências motoras ou cognitivas associadas. Os tratamentos actuais para a DP e a DA centram-se no alívio sintomático e não abordam os processos neurodegenerativos subjacentes. A terapia com células estaminais oferece uma abordagem promissora para o tratamento da DP e da DA, substituindo os neurónios perdidos ou danificados, promovendo a neuroprotecção e modulando a progressão da doença. Esta nota apresenta uma panorâmica abrangente da terapia com células estaminais para a DP e a DA, incluindo avanços recentes, desafios e direcções futuras.

Tipos de células estaminais para terapia:

1. **Células estaminais embrionárias (CTE):** As CTE, derivadas da massa celular interna dos blastocistos, possuem potencial pluripotente e podem diferenciar-se em vários tipos de células, incluindo neurónios dopaminérgicos para a DP e neurónios colinérgicos para a DA. As terapias baseadas em CTE são promissoras para substituir os neurónios perdidos ou disfuncionais e restaurar os circuitos neurais na DP e na DA.

2. **Células estaminais pluripotentes induzidas (iPSC):** as iPSC são reprogramadas a partir de células somáticas, oferecendo modelos específicos de doentes para a modelação de doenças e terapias personalizadas. As células neuronais derivadas de iPSC podem recapitular fenótipos de doenças e servir como ferramentas valiosas para o rastreio de medicamentos e o desenvolvimento de tratamentos específicos para a DP e a DA.

3. **Células estaminais mesenquimais (MSCs):** As MSCs, isoladas de vários

tecidos adultos, possuem propriedades imunomoduladoras e neuroprotectoras. As terapias baseadas em MSC mostraram-se promissoras em modelos pré-clínicos de DP e AD, atenuando a neuroinflamação, promovendo a sobrevivência neuronal e melhorando a função cognitiva.

Aplicações das células estaminais na terapia da doença de Parkinson e da doença de Alzheimer:

1. **Terapia de substituição celular:** O transplante de células estaminais visa substituir os neurónios perdidos ou disfuncionais e restaurar os circuitos neurais na DP e na DA. Os neurónios dopaminérgicos derivados de CTE foram transplantados para o cérebro de doentes com DP, demonstrando potencial para melhorar os sintomas motores e reduzir a necessidade de medicação dopaminérgica. Do mesmo modo, o transplante de células precursoras neurais ou de neurónios induzidos derivados de iPSCs é promissor para o restabelecimento da função cognitiva na doença de Alzheimer.

2. **Efeitos neuroprotectores e anti-inflamatórios:** As células estaminais segregam vários factores neurotróficos, citocinas e moléculas anti-inflamatórias que exercem efeitos neuroprotectores e anti-inflamatórios no sistema nervoso central (SNC). As terapias baseadas em MSC têm sido investigadas pela sua capacidade de modular a neuroinflamação e promover a sobrevivência neuronal na DP e na DA, potencialmente retardando a progressão da doença e preservando a função cognitiva.

3. **Reforço dos mecanismos de reparação endógenos:** As células estaminais podem melhorar os mecanismos de reparação endógenos, promovendo a neurogénese, a sinaptogénese e a regeneração axonal no SNC. As terapias baseadas nas NSC têm como objetivo aproveitar o potencial regenerativo das NSC endógenas para substituir as células perdidas ou danificadas e restaurar a função dos tecidos na DP e na DA.

Desafios e considerações:

1. **Segurança e eficácia:** Garantir a segurança e a eficácia das terapias baseadas em células estaminais continua a ser um desafio crítico, particularmente no que diz respeito ao risco de formação de tumores, rejeição imunitária e efeitos fora do alvo. Estudos pré-clínicos exaustivos e uma conceção rigorosa dos ensaios clínicos são essenciais para avaliar o potencial terapêutico das intervenções com células estaminais na DP e na DA.

2. **Otimização da entrega e integração das células:** A otimização dos métodos de entrega, sobrevivência, migração e integração das células nos tecidos hospedeiros é crucial para maximizar os benefícios terapêuticos do transplante de células estaminais na DP e na DA. Os suportes de biomateriais, os factores de crescimento e as abordagens de engenharia celular podem melhorar o enxerto e a integração das células no SNC.

3. **Considerações éticas e regulamentares:** As considerações éticas que envolvem a utilização de células estaminais embrionárias humanas e o processo de consentimento informado para ensaios clínicos baseados em células estaminais devem ser cuidadosamente abordadas. A supervisão regulamentar e a adesão às directrizes das Boas Práticas de Fabrico (BPF) são essenciais para garantir a qualidade, a segurança e a conduta ética das terapias baseadas em células estaminais para a DP e a DA.

A terapia com células estaminais é muito promissora para o tratamento da DP e da DA, proporcionando abordagens inovadoras para a reparação neural, a neuroprotecção e a modificação da doença. Embora tenham sido feitos progressos consideráveis na investigação pré-clínica e nos ensaios clínicos em fase inicial, justifica-se uma investigação mais aprofundada para enfrentar os desafios remanescentes e fazer avançar as intervenções baseadas em células estaminais para tratamentos seguros e eficazes para doentes com DP e DA.

Terapia com células estaminais para lesões da espinal medula e outras síndromes cerebrais

As lesões da espinal medula (LM) e várias síndromes cerebrais colocam desafios significativos tanto aos doentes como aos médicos devido aos seus efeitos debilitantes na função neurológica. Os tratamentos actuais centram-se frequentemente na gestão dos sintomas, em vez de abordarem a causa subjacente dos danos neuronais. A terapia com células estaminais surgiu como uma abordagem promissora para o tratamento de LMEs e outras síndromes cerebrais, promovendo a reparação neural, a regeneração e a neuroprotecção. Esta nota fornece uma visão abrangente da aplicação da terapia com células estaminais no tratamento de LME, AVC, traumatismo crânio-encefálico (TCE), esclerose múltipla (EM) e outras síndromes cerebrais, destacando os recentes avanços, desafios e direcções futuras.

Tipos de células estaminais para terapia:

1. **Células estaminais neurais (NSCs):** As células estaminais neurais residem em regiões específicas do cérebro adulto, como a zona subventricular (SVZ) e o giro denteado do hipocampo, e têm a capacidade de se auto-renovar e de se diferenciar em neurónios, astrócitos e oligodendrócitos. As terapias baseadas em NSC têm como objetivo aproveitar os mecanismos de reparação endógenos e promover a regeneração neural nas LME e noutras síndromes cerebrais.

2. **Células estaminais mesenquimais (MSCs):** As MSC, derivadas de vários tecidos adultos, apresentam propriedades imunomoduladoras e neuroprotectoras. As terapias baseadas em MSC mostraram-se promissoras em estudos pré-clínicos e clínicos para o tratamento de LME, AVC, TCE e EM, modulando a inflamação, promovendo a reparação dos tecidos e melhorando a recuperação funcional.

3. **Células estaminais embrionárias (CTE) e células estaminais pluripotentes induzidas (CPEI):** As CTE, derivadas da massa celular interna dos blastocistos, e as iPSC, reprogramadas a partir de células somáticas adultas, possuem potencial pluripotente e podem diferenciar-se em vários tipos de células, incluindo neurónios e células gliais. As terapias baseadas nas CTE e nas iPSC são promissoras para substituir as células perdidas ou danificadas nas LME e noutras síndromes cerebrais.

Aplicações das células estaminais na terapia da SCI e da síndrome cerebral:

1. **Lesões da espinal medula (LME):** A terapia com células estaminais para as LME tem por objetivo promover a reparação neural e a recuperação funcional através do transplante de NSC, MSC ou células progenitoras de oligodendrócitos para a medula espinal lesada. Estas células facilitam a regeneração axonal, a remielinização e a neuroprotecção, conduzindo a melhorias na função motora e sensorial em modelos pré-clínicos e ensaios clínicos.

2. **Acidente vascular cerebral:** A terapia com células estaminais para o AVC envolve o transplante de NSCs, MSCs ou células neurais derivadas de iPSC no cérebro isquémico para substituir os neurónios perdidos ou danificados e melhorar a recuperação funcional. Estudos pré-clínicos e clínicos demonstraram resultados promissores, com melhorias na função motora e cognitiva após o transplante de células estaminais.

3. **Lesão cerebral traumática (TCE):** A terapia com células estaminais para o TCE visa promover a reparação neural e a neuroprotecção através do transplante de NSCs, MSCs ou células precursoras neurais para o cérebro lesionado. Estas células facilitam a reparação dos tecidos, modulam a inflamação e melhoram a recuperação funcional em modelos pré-clínicos e ensaios clínicos.

4. **Esclerose múltipla (EM):** A terapia com células estaminais para a EM envolve o transplante de células estaminais hematopoiéticas (HSCs) ou MSCs para modular as respostas imunitárias e promover a reparação neural. O transplante autólogo de HSCs tem-se mostrado promissor na estabilização da progressão da doença e na indução de remissão em doentes com EM recorrente-remitente.

Desafios e considerações:

1. **Segurança e eficácia:** Garantir a segurança e a eficácia das terapias baseadas em células estaminais é essencial para traduzir os resultados pré-clínicos em aplicações clínicas. São necessários estudos pré-clínicos rigorosos e ensaios clínicos bem concebidos para avaliar o potencial terapêutico das intervenções com células estaminais nas LME e noutras síndromes cerebrais.

2. **Otimização da entrega e integração das células:** A otimização dos métodos de entrega, sobrevivência, migração e integração das células nos tecidos hospedeiros é fundamental para maximizar os benefícios terapêuticos do transplante de células estaminais em LM e noutros síndromes cerebrais. Os suportes de biomateriais, os factores de crescimento e as abordagens de engenharia celular podem melhorar o enxerto e a integração das células no SNC.

3. **Considerações éticas e regulamentares:** A abordagem das questões éticas que envolvem a utilização de células estaminais embrionárias humanas e a garantia da conformidade regulamentar são essenciais para a condução ética de ensaios clínicos baseados em células estaminais em LME e outras síndromes cerebrais. A adesão às directrizes das Boas Práticas de Fabrico (BPF) e a transparência dos processos de consentimento informado são essenciais para manter a integridade e a segurança da terapia com células

estaminais.

A terapia com células estaminais é muito promissora para revolucionar o tratamento de LME e de outras síndromes cerebrais, proporcionando abordagens inovadoras para a reparação, regeneração e neuroprotecção neural. Embora tenham sido feitos progressos significativos na investigação pré-clínica e nos ensaios clínicos em fase inicial, é necessária mais investigação para enfrentar os desafios remanescentes e fazer avançar as intervenções baseadas em células estaminais para tratamentos seguros e eficazes para doentes com LME, AVC, TCE, EM e outras doenças neurológicas.

Terapia com células estaminais para falhas dos sistemas de tecidos: Uma visão global

As falhas dos sistemas de tecidos abrangem uma vasta gama de perturbações que afectam vários sistemas de órgãos, incluindo os sistemas cardiovascular, respiratório, renal, gastrointestinal e músculo-esquelético. As abordagens convencionais de tratamento têm frequentemente como objetivo gerir os sintomas ou retardar a progressão da doença, em vez de promover a reparação e a regeneração dos tecidos. A terapia com células estaminais surgiu como uma estratégia terapêutica promissora para as falhas dos sistemas de tecidos, aproveitando o potencial regenerativo das células estaminais para restaurar a função dos tecidos e melhorar os resultados dos doentes. Esta nota fornece uma análise detalhada da terapia com células estaminais para as falhas dos sistemas de tecidos, explorando os mecanismos subjacentes, as aplicações clínicas, os desafios actuais e as direcções futuras.

1. Tipos de células estaminais para terapia:

As células estaminais possuem propriedades únicas, incluindo capacidades de auto-renovação e de diferenciação multipotente, o que as torna candidatas atractivas para a regeneração de tecidos. Vários tipos de células estaminais têm sido investigados quanto ao seu potencial terapêutico em falhas de sistemas de tecidos, incluindo:

- **Células estaminais embrionárias (CTE):** Derivadas da massa celular interna dos blastocistos, as CTE são células estaminais pluripotentes capazes de se diferenciar em todos os tipos de células do corpo. As terapias baseadas em CTE são promissoras para a reparação de tecidos danificados e para o restabelecimento da função dos órgãos em caso de falha dos sistemas de tecidos.

- **Células estaminais pluripotentes induzidas (iPSC):** As iPSC são geradas através da reprogramação de células somáticas adultas para um estado pluripotente, oferecendo fontes de células específicas dos doentes para a medicina regenerativa. As células derivadas de iPSC podem ser diferenciadas em várias linhagens específicas de tecidos para transplante em falhas dos sistemas de tecidos.

- **Células estaminais mesenquimais (MSCs):** As MSCs são células estaminais multipotentes que se encontram em vários tecidos adultos, como a medula óssea, o tecido adiposo e o sangue do cordão umbilical. As terapias baseadas em MSC mostraram eficácia na promoção da reparação de tecidos, na modulação da inflamação e no aumento da angiogénese em falhas dos sistemas de tecidos.

- **Células estaminais específicas dos tecidos:** Certos tecidos albergam populações de células estaminais endógenas com potencial regenerativo, como as células estaminais neurais (NSCs) no cérebro e as células estaminais hematopoiéticas (HSCs) na medula óssea. O aproveitamento destas células estaminais específicas dos tecidos pode oferecer abordagens orientadas para a reparação de tecidos em caso de falha dos sistemas de tecidos.

2. Aplicações clínicas da terapia com células estaminais:

A terapia com células estaminais é promissora para o tratamento de uma vasta gama de falhas nos sistemas de tecidos, incluindo:

- **Doenças cardiovasculares:** O transplante de células estaminais tem sido explorado para reparar o miocárdio danificado após um enfarte do miocárdio, promover a angiogénese e melhorar a função cardíaca em doentes com insuficiência cardíaca.

- **Doenças respiratórias:** Têm sido investigadas abordagens baseadas em células estaminais para o tratamento de doenças pulmonares, como a doença pulmonar obstrutiva crónica (DPOC), a fibrose pulmonar idiopática (FPI) e a síndrome de dificuldade respiratória aguda (SDRA), com o objetivo de melhorar a regeneração e a reparação pulmonar.

- **Disfunção renal:** A terapia com células estaminais oferece potenciais vias para a regeneração e reparação renal na doença renal crónica (DRC) e na lesão renal aguda (LRA), visando a regeneração do parênquima renal, a reparação tubular e a imunomodulação.

- **Doenças gastrointestinais:** O transplante de células estaminais é promissor no tratamento de doenças gastrointestinais, como a doença inflamatória intestinal (DII), a cirrose hepática e a disfunção pancreática, com o objetivo de restaurar a integridade e a função dos tecidos.

3. Desafios e direcções futuras:

Apesar do potencial terapêutico promissor da terapia com células estaminais para as falhas dos sistemas de tecidos, há ainda vários desafios a enfrentar:

- **Preocupações com a segurança:** Garantir a segurança das terapias baseadas em células estaminais, incluindo o risco de tumorigénese, imunogenicidade e efeitos fora do alvo, é fundamental para a tradução clínica.

- **Otimização das estratégias de administração:** Melhorar o enxerto, a sobrevivência e a integração das células estaminais transplantadas nos tecidos alvo coloca desafios técnicos que exigem estratégias de entrega inovadoras e suportes biomateriais.

- **Obstáculos regulamentares:** Navegar nos quadros regulamentares e obter aprovação para terapias baseadas em células estaminais envolve considerações éticas, legais e logísticas complexas que exigem uma colaboração estreita entre investigadores, clínicos e agências regulamentares.

A terapia com células estaminais é muito promissora para resolver as falhas dos sistemas de tecidos, promovendo a sua reparação, regeneração e recuperação funcional. Os esforços contínuos de investigação para elucidar os mecanismos subjacentes, otimizar as estratégias terapêuticas e ultrapassar os desafios existentes são essenciais para a concretização de todo o potencial das abordagens baseadas em células estaminais na prática clínica.

Terapia com células estaminais para a cardiomiopatia

A cardiomiopatia refere-se a um grupo de doenças caracterizadas por anomalias estruturais e funcionais do miocárdio, que conduzem a uma função cardíaca deficiente. Os tratamentos convencionais para a cardiomiopatia centram-se frequentemente no controlo dos sintomas e no abrandamento da progressão da doença. No entanto, a terapia com células estaminais surgiu como uma abordagem regenerativa promissora para tratar os danos no miocárdio e melhorar a função cardíaca. Esta nota fornece uma análise aprofundada da terapia com células estaminais para a cardiomiopatia, incluindo os mecanismos subjacentes, as aplicações clínicas, os avanços recentes e as perspectivas futuras.

1. Fisiopatologia da Cardiomiopatia:

A cardiomiopatia engloba várias etiologias, incluindo os subtipos isquémico, hipertrófico, dilatado, restritivo e arritmogénico, cada um caracterizado por mecanismos fisiopatológicos distintos. As vias comuns envolvidas na patogénese da cardiomiopatia incluem a isquémia miocárdica, o stress oxidativo, a inflamação, a fibrose e a apoptose dos cardiomiócitos, levando, em última análise, a uma diminuição da contratilidade, à remodelação ventricular e à insuficiência cardíaca.

2. Mecanismos da terapia com células estaminais:

A terapia com células estaminais para a cardiomiopatia tem como objetivo melhorar a reparação e a regeneração do miocárdio através de múltiplos mecanismos:

- **Diferenciação em cardiomiócitos:** As células estaminais podem diferenciar-se em células semelhantes a cardiomiócitos e integrar-se no miocárdio danificado, contribuindo para a recuperação funcional.

- **Efeitos parácrinos:** As células estaminais segregam vários factores parácrinos, incluindo factores de crescimento, citocinas e vesículas extracelulares, que promovem a angiogénese, reduzem a inflamação e estimulam os mecanismos endógenos de reparação cardíaca.

- **Imunomodulação:** As células estaminais modulam a resposta imunitária, suprimindo a inflamação e atenuando a lesão cardíaca imunomediada.

- **Remodelação da Matriz Extracelular:** As células estaminais contribuem para a remodelação da matriz extracelular, reduzindo a fibrose e promovendo a regeneração dos tecidos no miocárdio enfartado.

3. Aplicações clínicas da terapia com células estaminais:

A terapia com células estaminais tem sido investigada em vários contextos clínicos de cardiomiopatia:

- **Cardiomiopatia Isquémica:** O transplante de células estaminais após enfarte do miocárdio visa promover a regeneração do miocárdio, melhorar a função ventricular esquerda e reduzir a remodelação adversa. Os tipos de células utilizados incluem células estaminais mesenquimais derivadas da medula óssea (MSCs), células progenitoras cardíacas e cardiomiócitos derivados de células estaminais pluripotentes induzidas (iPSC).

- **Cardiomiopatia não isquémica:** A terapia com células estaminais tem sido explorada na cardiomiopatia dilatada, na cardiomiopatia hipertrófica e noutros subtipos não isquémicos para melhorar a função miocárdica e aliviar os sintomas. Os ensaios clínicos avaliaram a segurança e a eficácia de vários tipos de células estaminais, incluindo as MSC, as células derivadas da cardiosfera e os cardiomiócitos derivados de iPSC.

- **Insuficiência cardíaca em fase terminal:** A terapia com células estaminais pode oferecer uma potencial opção de tratamento para doentes com insuficiência cardíaca em fase terminal refractária às terapias convencionais. Estratégias como a injeção intramiocárdica, a infusão intracoronária e o transplante epicárdico têm sido investigadas para fornecer células estaminais ao miocárdio em falência.

4. Avanços recentes e direcções futuras:

Os recentes avanços na terapia com células estaminais para a cardiomiopatia incluem:

- **Engenharia biológica:** As abordagens de bioengenharia visam aumentar a sobrevivência, a retenção e a eficácia terapêutica das células estaminais transplantadas através de suportes biomateriais, técnicas de edição de genes e estratégias de pré-condicionamento.

- **Terapias sem células:** As abordagens sem células, como a terapia baseada em vesículas extracelulares e a terapia com meios condicionados, oferecem uma alternativa promissora às intervenções baseadas em células, fornecendo factores parácrinos com potencial regenerativo.

- **Terapias específicas para cada doente:** As células estaminais pluripotentes induzidas (iPSCs) derivadas de células específicas do doente são promissoras para a medicina regenerativa personalizada, oferecendo fontes de células autólogas para a reparação cardíaca e minimizando a rejeição imunitária.

5. Desafios e considerações:

Os desafios na terapia com células estaminais para a cardiomiopatia incluem:

- **Otimização da entrega de células:** O aumento da sobrevivência, retenção e integração das células no miocárdio continua a ser um desafio significativo, exigindo métodos de administração inovadores e estratégias de engenharia de tecidos.

- **Imunogenicidade e Tumorigenicidade:** A resolução das preocupações relativas à rejeição imunitária e ao potencial tumorigénico das células estaminais transplantadas é essencial para a segurança e eficácia a longo prazo.

- **Padronização de Protocolos:** O estabelecimento de protocolos padronizados para o isolamento, caraterização e fornecimento de células estaminais é fundamental para garantir a reprodutibilidade e a comparabilidade dos resultados dos ensaios clínicos.

- **Obstáculos regulamentares:** Navegar pelos quadros regulamentares e obter aprovação para terapias baseadas em células estaminais envolve considerações éticas, legais e logísticas que exigem uma colaboração estreita entre investigadores, clínicos e agências regulamentares.

A terapia com células estaminais é promissora como uma abordagem regenerativa para a cardiomiopatia, oferecendo potenciais vias para a reparação, regeneração e melhoria funcional do miocárdio. Os esforços contínuos de investigação para elucidar os mecanismos subjacentes, otimizar as estratégias terapêuticas e enfrentar os desafios existentes são essenciais para traduzir as intervenções baseadas em células estaminais em tratamentos seguros e eficazes para doentes com cardiomiopatia.

Terapia com células estaminais para a insuficiência renal

A insuficiência renal, também conhecida como doença renal em fase terminal (DRT), representa um importante encargo global para a saúde, afectando milhões de pessoas em todo o mundo. As opções de tratamento actuais para a insuficiência renal, como a diálise e o transplante renal, têm limitações, incluindo a escassez de órgãos de dadores e o risco de complicações. A terapia com células estaminais surgiu como uma abordagem promissora para o tratamento da insuficiência renal, promovendo a reparação, regeneração e recuperação funcional dos tecidos. Esta nota fornece uma análise detalhada da terapia com células estaminais para a insuficiência renal, explorando os mecanismos subjacentes, as aplicações clínicas, os desafios actuais e as direcções futuras.

1. Fisiopatologia da insuficiência renal:

A insuficiência renal engloba um espetro de perturbações caracterizadas pela perda progressiva da função renal, que conduz a uma filtração deficiente, a um desequilíbrio eletrolítico e à retenção de produtos residuais. As causas comuns de insuficiência renal incluem a doença renal crónica (DRC), a nefropatia diabética, a hipertensão, a glomerulonefrite e a doença renal policística. Os mecanismos fisiopatológicos envolvem lesão glomerular, fibrose tubulointersticial, inflamação e comprometimento vascular, levando a disfunção renal e alterações estruturais.

2. Tipos de células estaminais para a terapia da insuficiência renal:

Vários tipos de células estaminais têm sido investigados quanto ao seu potencial terapêutico na insuficiência renal, incluindo:

- **Células estaminais mesenquimais (MSCs):** As MSCs são células estaminais multipotentes que se encontram em vários tecidos adultos, como a medula óssea, o tecido adiposo e o sangue do cordão umbilical. As terapias baseadas em MSC mostraram eficácia na promoção da reparação dos tecidos, na modulação da inflamação e no aumento da angiogénese na insuficiência renal.

- **Células Progenitoras Renais:** As células progenitoras renais são uma população de células estaminais residentes presentes no rim, com a capacidade de se diferenciarem em vários tipos de células renais, incluindo podócitos, células epiteliais tubulares e células intersticiais. O aproveitamento das células progenitoras renais pode oferecer abordagens específicas para a regeneração e reparação dos rins.

- **Células estaminais pluripotentes induzidas (iPSCs):** As iPSCs são geradas através da reprogramação de células somáticas adultas para um estado pluripotente, oferecendo uma fonte potencial de células renais específicas do doente para medicina regenerativa. As células renais derivadas de iPSC podem ser diferenciadas em podócitos, células tubulares proximais e outros tipos de células renais para transplante.

- **Células estaminais derivadas do líquido amniótico:** As células estaminais derivadas do líquido amniótico possuem propriedades de células estaminais embrionárias e adultas, o que as torna candidatas atractivas para a regeneração dos rins. As terapias baseadas em células estaminais derivadas do líquido amniótico demonstraram eficácia em modelos pré-clínicos de lesão renal e podem oferecer uma fonte alternativa de células para a reparação renal.

3. **Aplicações clínicas da terapia com células estaminais:**

A terapia com células estaminais é promissora no tratamento da insuficiência renal através de vários mecanismos, incluindo:

- **Regeneração do tecido renal:** As células estaminais têm o potencial de se diferenciar em tipos de células renais funcionais e de se integrar no tecido renal danificado, promovendo a regeneração do tecido renal e a recuperação funcional.

- **Imunomodulação:** As células estaminais exercem efeitos imunomoduladores, suprimindo as respostas inflamatórias, reduzindo a fibrose e promovendo a reparação dos tecidos no microambiente renal.

- **Angiogénese:** As MSC segregam factores pró-angiogénicos que melhoram a vascularização e o fluxo sanguíneo no rim isquémico, promovendo a perfusão dos tecidos e a recuperação da função renal.

4. Desafios e direcções futuras:

Apesar do potencial terapêutico promissor da terapia com células estaminais para a insuficiência renal, há ainda vários desafios a enfrentar:

- **Preocupações com a segurança:** Garantir a segurança das terapias baseadas em células estaminais, incluindo o risco de tumorigénese, imunogenicidade e efeitos fora do alvo, é fundamental para a tradução clínica.

- **Otimização da entrega de células:** Melhorar o enxerto, a sobrevivência e a integração das células estaminais transplantadas no tecido renal coloca desafios técnicos que exigem estratégias de entrega inovadoras e suportes biomateriais.

- **Tradução clínica:** A realização de ensaios clínicos bem concebidos para avaliar a segurança e a eficácia das terapias baseadas em células estaminais em doentes com insuficiência renal é essencial para a tradução clínica e a aprovação regulamentar.

A terapia com células estaminais é uma promessa significativa para o tratamento da insuficiência renal, promovendo a regeneração do tecido renal, a imunomodulação e a angiogénese. Os esforços contínuos de investigação para elucidar os mecanismos subjacentes, otimizar as estratégias terapêuticas e ultrapassar os desafios existentes são essenciais para a concretização de todo o potencial das abordagens baseadas em células estaminais na prática clínica.

Terapia com células estaminais para a insuficiência hepática: Avanços e desafios

A insuficiência hepática representa um desafio significativo para a saúde mundial, com diversas etiologias, como a hepatite viral, a doença hepática alcoólica, a doença hepática gorda não alcoólica (NAFLD) e as doenças hepáticas auto-imunes. Os tratamentos tradicionais para a insuficiência hepática, incluindo os cuidados de suporte e o transplante de fígado, têm limitações como a escassez de dadores e a rejeição imunitária. A terapia com células estaminais surgiu como uma alternativa promissora para a insuficiência hepática, oferecendo o potencial de reparação, regeneração e recuperação funcional dos tecidos. Esta nota analisa o estado atual da terapia com células estaminais para a insuficiência hepática, explorando os seus mecanismos, aplicações clínicas, desafios e perspectivas futuras.

1. Fisiopatologia da insuficiência hepática:

A insuficiência hepática engloba condições agudas e crónicas caracterizadas pela perda da função hepática, levando a distúrbios metabólicos, coagulopatia e encefalopatia hepática. Os mecanismos fisiopatológicos envolvem lesão dos hepatócitos, inflamação, fibrose e regeneração prejudicada, resultando em disfunção hepática progressiva e falência do órgão.

2. Tipos de células estaminais para a terapia da insuficiência hepática:

Vários tipos de células estaminais têm sido investigados quanto ao seu potencial terapêutico na insuficiência hepática, incluindo:

- **Células Progenitoras Hepáticas (HPCs):** As HPCs são células estaminais residentes no fígado com a capacidade de se diferenciarem em hepatócitos e colangiócitos. As terapias baseadas em HPC têm como objetivo promover a regeneração e reparação do fígado, aproveitando o potencial regenerativo das células progenitoras endógenas.

- **Células estaminais mesenquimais (MSCs):** As MSCs são células estaminais multipotentes que se encontram em vários tecidos adultos, como a medula óssea, o tecido adiposo e o sangue do cordão umbilical. As terapias baseadas em MSC mostraram eficácia na modulação da inflamação, na redução da fibrose e na promoção da proliferação de hepatócitos na insuficiência hepática.

- **Células estaminais pluripotentes induzidas (iPSC):** as iPSC são geradas através da reprogramação de células somáticas adultas para um estado pluripotente, constituindo uma fonte potencial de hepatócitos específicos dos doentes para a medicina regenerativa. Os hepatócitos derivados de iPSC podem ser utilizados para transplante e modelação de doenças na insuficiência hepática.

3. **Aplicações clínicas da terapia com células estaminais:**

A terapia com células estaminais é promissora no tratamento da insuficiência hepática através de vários mecanismos, incluindo:

- **Substituição de hepatócitos:** As células estaminais transplantadas podem diferenciar-se em hepatócitos funcionais e integrar-se no tecido hepático danificado, substituindo os hepatócitos perdidos ou disfuncionais e restaurando a função hepática.

- **Imunomodulação:** As células estaminais exercem efeitos imunomoduladores, suprimindo as respostas inflamatórias, reduzindo a fibrose e promovendo a reparação dos tecidos no microambiente hepático.

- **Angiogénese:** As MSC segregam factores pró-angiogénicos que melhoram a vascularização e o fluxo sanguíneo no fígado isquémico, promovendo a perfusão dos tecidos e a sobrevivência dos hepatócitos.

4. Desafios e direcções futuras:

Apesar do potencial terapêutico promissor da terapia com células estaminais para a insuficiência hepática, há ainda vários desafios a enfrentar:

- **Preocupações com a segurança:** Garantir a segurança das terapias baseadas em células estaminais, incluindo o risco de tumorigénese, imunogenicidade e efeitos fora do alvo, é fundamental para a tradução clínica.

- **Otimização da entrega de células:** Melhorar o enxerto, a sobrevivência e a integração das células estaminais transplantadas no tecido hepático coloca desafios técnicos que exigem estratégias de entrega inovadoras e suportes biomateriais.

- **Tradução clínica:** A realização de ensaios clínicos bem concebidos para avaliar a segurança e a eficácia das terapias baseadas em células estaminais em doentes com insuficiência hepática é essencial para a tradução clínica e a aprovação regulamentar.

A terapia com células estaminais é muito promissora no tratamento da insuficiência hepática, uma vez que promove a regeneração do fígado, a imunomodulação e a angiogénese. Os esforços contínuos de investigação para elucidar os mecanismos subjacentes, otimizar as estratégias terapêuticas e ultrapassar os desafios existentes são essenciais para a concretização de todo o potencial das abordagens baseadas em células estaminais na prática clínica.

Terapia com células estaminais para o cancro: Avanços, Desafios e Perspectivas Futuras

O cancro continua a ser um desafio significativo para a saúde mundial, com diversas formas que afectam vários tecidos e órgãos. Os tratamentos tradicionais do cancro, como a cirurgia, a quimioterapia e a radioterapia, têm limitações, incluindo a toxicidade, a resistência dos tumores e os danos nos tecidos saudáveis.

A terapia com células estaminais surgiu como uma abordagem promissora para o tratamento do cancro, oferecendo o potencial para uma terapia orientada, supressão de tumores e regeneração de tecidos. Esta nota explora o estado atual da terapia com células estaminais para o cancro, incluindo os seus mecanismos, aplicações clínicas, desafios e perspectivas futuras.

1. Mecanismos da terapia com células estaminais para o cancro:

A terapia com células estaminais para o cancro envolve vários mecanismos destinados a atingir as células cancerosas, poupando os tecidos normais:

- **Terapia de diferenciação:** As células estaminais podem ser modificadas para se diferenciarem em tipos de células específicos e substituírem diretamente as células cancerosas, promovendo a regeneração dos tecidos e a recuperação funcional.

- **Imunomodulação:** As células estaminais exercem efeitos imunomoduladores, aumentando as respostas imunitárias anti-tumorais, suprimindo o crescimento do tumor e reduzindo a inflamação no microambiente tumoral.

- **Administração de medicamentos:** As células estaminais podem ser concebidas para administrar agentes terapêuticos diretamente no local do tumor, aumentando a eficácia do medicamento e minimizando a toxicidade sistémica.

- **Acolhimento de tumores:** As células estaminais possuem um tropismo inerente para os tumores e podem migrar para locais de tumores, o que as torna veículos ideais para a administração de fármacos específicos e para a imagiologia de tumores.

2. Aplicações clínicas da terapia com células estaminais para o cancro:

A terapia com células estaminais é promissora no tratamento de vários tipos de cancro, incluindo:

- **Tumores sólidos:** As células estaminais podem ser concebidas para combater tumores sólidos, como o cancro da mama, o glioblastoma e o cancro do pâncreas, fornecendo agentes citotóxicos ou factores antitumorais diretamente ao microambiente tumoral.

- **Doenças malignas hematológicas:** O transplante de células estaminais, em particular o transplante de células estaminais hematopoiéticas (HSCT), é um tratamento padrão para doenças malignas hematológicas como a leucemia, o linfoma e o mieloma múltiplo, oferecendo o potencial para a erradicação da doença e remissão a longo prazo.

- **Terapias combinadas:** A terapia com células estaminais pode ser combinada com tratamentos convencionais contra o cancro, como a quimioterapia, a radioterapia e a imunoterapia, para aumentar a eficácia do tratamento e ultrapassar a resistência ao tratamento.

3. **Desafios e considerações:**

Apesar dos potenciais benefícios da terapia com células estaminais no tratamento do cancro, há que ter em conta vários desafios e considerações:

- **Preocupações com a segurança:** Garantir a segurança das terapias baseadas em células estaminais, incluindo o risco de tumorigénese, rejeição imunitária e efeitos fora do alvo, é essencial para a tradução clínica.

- **Heterogeneidade tumoral:** O cancro é caracterizado pela heterogeneidade genética e fenotípica, o que coloca desafios às terapias direccionadas e às abordagens de tratamento personalizadas.

- **Considerações éticas:** As preocupações éticas que envolvem a utilização de células estaminais, incluindo células estaminais embrionárias, e a sua manipulação para a terapia do cancro exigem uma análise cuidadosa e uma supervisão regulamentar.

4. Perspectivas futuras:

Apesar dos desafios, a terapia com células estaminais é muito promissora para revolucionar o tratamento do cancro:

- **Avanços nas terapias direccionadas:** Os avanços na engenharia de células estaminais e nas tecnologias de edição de genes oferecem oportunidades para o desenvolvimento de terapias contra o cancro mais direccionadas e personalizadas.

- **Imunoterapia:** O aproveitamento das propriedades imunomoduladoras das células estaminais, em particular das MSC, para a imunoterapia do cancro representa uma via promissora para melhorar as respostas imunitárias anti-tumorais.

- **Ensaios clínicos e investigação translacional:** A realização de ensaios clínicos bem concebidos e de estudos de investigação translacional é essencial para avaliar a segurança, a eficácia e os resultados a longo prazo da terapia com células estaminais para o cancro.

A terapia com células estaminais representa uma abordagem promissora para o tratamento do cancro, oferecendo o potencial para uma terapia orientada, imunomodulação e regeneração de tecidos. Os esforços contínuos de investigação e os ensaios clínicos são essenciais para fazer avançar as terapias contra o cancro baseadas em células estaminais e transpô-las para a prática clínica.

Terapia com células estaminais para a hemofilia: Enfrentando os desafios dos distúrbios hemorrágicos

A hemofilia é uma doença hemorrágica genética rara caracterizada pela deficiência ou disfunção dos factores de coagulação sanguínea, particularmente o fator VIII (hemofilia A) ou o fator IX (hemofilia B). Os tratamentos actuais para a hemofilia, como a terapia de substituição de factores e os agentes de bypass, têm limitações, incluindo a necessidade de infusões frequentes, o desenvolvimento de inibidores e o risco de transmissão viral. A terapia com células estaminais oferece uma alternativa promissora para o tratamento da hemofilia, fornecendo uma fonte renovável de factores de coagulação funcionais e potencialmente curando o defeito genético subjacente. Esta nota explora o estado atual da terapia com células estaminais para a hemofilia, incluindo os seus mecanismos, aplicações clínicas, desafios e perspectivas futuras.

1. Mecanismos da terapia com células estaminais para a hemofilia:

A terapia com células estaminais para a hemofilia envolve vários mecanismos destinados a restaurar os níveis funcionais dos factores de coagulação e a prevenir episódios hemorrágicos:

- **Edição de genes:** As células estaminais, particularmente as células estaminais hematopoiéticas (HSCs) ou as células estaminais pluripotentes induzidas (iPSCs), podem ser geneticamente modificadas para expressar genes funcionais do fator de coagulação, como o fator VIII ou o fator IX, corrigindo o defeito genético subjacente à hemofilia.

- **Diferenciação em megacariócitos:** As células estaminais podem ser induzidas a diferenciar-se em megacariócitos, as células precursoras das plaquetas, que desempenham um papel crucial na hemostase e na formação de coágulos. As plaquetas derivadas de megacariócitos podem libertar factores de coagulação no local da lesão vascular, prevenindo episódios de hemorragia em doentes com hemofilia.

- **Efeitos parácrinos:** As células estaminais mesenquimais (MSCs) segregam várias substâncias de crescimento

  factores, citocinas e vesículas extracelulares que promovem a reparação dos tecidos, a angiogénese e a imunomodulação, melhorando potencialmente a ambiente microvascular e reduzir as complicações hemorrágicas na hemofilia.

2. Aplicações clínicas da terapia com células estaminais para a hemofilia:

A terapia com células estaminais é promissora para o tratamento da hemofilia através de várias abordagens, incluindo:

- **Transplante de células estaminais hematopoiéticas (TCEH):** O TCEH envolve o transplante de **células estaminais hematopoiéticas** derivadas de dadores para doentes com hemofilia, fornecendo uma fonte contínua de factores de coagulação funcionais e induzindo potencialmente tolerância imunitária à terapia de substituição de factores.

- **Terapia genética:** As abordagens de terapia genética, como os vectores virais lentivirais ou adeno- associados, podem fornecer genes funcionais do fator de coagulação às células estaminais derivadas do doente, corrigindo o defeito genético subjacente e restaurando a função normal de coagulação.

- **Engenharia de plaquetas:** Os megacariócitos ou plaquetas derivados de células estaminais podem ser modificados para expressar e libertar factores de coagulação, servindo como reservatório celular para a terapia de substituição de factores e melhorando a hemostase em doentes com hemofilia.

3. Desafios e considerações:

Apesar dos potenciais benefícios da terapia com células estaminais para a hemofilia, há vários desafios e considerações a ter em conta:

- **Imunogenicidade:** Os factores de coagulação derivados de células estaminais podem provocar respostas imunitárias, incluindo o desenvolvimento de inibidores, o que pode comprometer a eficácia e a segurança do tratamento.

- **Efeitos fora do alvo:** As modificações genéticas e o transplante de células estaminais podem conduzir a efeitos fora do alvo, incluindo mutagénese insercional ou transformação oncogénica, que representam riscos para os resultados a longo prazo dos doentes.

- **Seleção de doentes:** A identificação de candidatos adequados para a terapia com células estaminais, tendo em conta factores como a gravidade da doença, o estado dos inibidores e as comorbilidades, é essencial para otimizar os resultados do tratamento.

4. Perspectivas futuras:

Apesar dos desafios, a terapia com células estaminais é muito promissora para revolucionar o tratamento da hemofilia:

- **Avanços nas tecnologias de edição de genes:** Os avanços nas tecnologias de edição de genes, como o CRISPR-Cas9, oferecem oportunidades para a correção precisa e eficiente do defeito genético subjacente à hemofilia.

- **Células estaminais pluripotentes induzidas:** Os megacariócitos ou as células endoteliais derivados de iPSC podem servir como fonte de células personalizadas para o tratamento da hemofilia, oferecendo o potencial para terapias específicas para cada doente e uma imunogenicidade reduzida.

- **Ensaios Clínicos e Investigação Translacional:** A realização de ensaios clínicos bem concebidos e de estudos de investigação translacional é essencial para avaliar a segurança, a eficácia e os resultados a longo prazo da terapia com células estaminais para a hemofilia e para a sua transposição para a prática clínica.

A terapia com células estaminais representa uma abordagem promissora para o tratamento da hemofilia, fornecendo uma fonte renovável de factores de coagulação funcionais, corrigindo o defeito genético subjacente e potencialmente curando a doença. Os esforços contínuos de investigação e os ensaios clínicos são essenciais para fazer avançar as terapias baseadas em células estaminais para a hemofilia e melhorar os resultados para os doentes com doenças hemorrágicas.

Considerações éticas sobre a investigação em células estaminais humanas: Uma visão global

A investigação em células estaminais humanas tem um enorme potencial para o avanço da ciência médica, oferecendo conhecimentos sobre os mecanismos das doenças, a descoberta de medicamentos e a medicina regenerativa. No entanto, as implicações éticas que envolvem a utilização de células estaminais humanas são complexas e multifacetadas. Esta nota fornece uma análise detalhada das considerações éticas na investigação de células estaminais humanas, abrangendo pontos-chave, controvérsias e quadros regulamentares.

1. Origem das células estaminais:

- **Células estaminais embrionárias (CTE):** A utilização de embriões humanos para a obtenção de CTE suscita preocupações éticas relacionadas com a destruição de embriões humanos, invocando debates sobre o estatuto moral do embrião e a santidade da vida humana.

- **Células estaminais pluripotentes induzidas (iPSCs):** As iPSCs, geradas a partir de células somáticas adultas através de reprogramação, oferecem uma alternativa às ESCs sem as preocupações éticas associadas à destruição de embriões. No entanto, persistem questões éticas relacionadas com o consentimento, a privacidade e os riscos potenciais da manipulação genética.

- **Células estaminais adultas:** As células estaminais adultas, que se encontram em vários tecidos, como a medula óssea, o tecido adiposo e o sangue do cordão umbilical, suscitam menos preocupações éticas do que as CTE e as CTPi. No entanto, as considerações éticas relativas ao consentimento do dador, à segurança e à equidade no acesso às terapias com células estaminais continuam a ser relevantes.

2. **Estatuto moral do embrião:**

- **Debate sobre a personalidade:** A questão de saber quando é que a vida humana começa e o estatuto moral do embrião são fundamentais para os debates éticos em torno da investigação em CTE. Várias perspectivas, incluindo pontos de vista religiosos, filosóficos e científicos, informam os debates sobre a permissibilidade moral da destruição de embriões para fins de investigação.

- **Respeito pela dignidade humana:** Os quadros éticos que enfatizam o respeito pela dignidade humana defendem a proteção dos direitos e interesses dos embriões humanos, argumentando contra a sua instrumentalização para fins científicos.

3. **Consentimento informado e privacidade:**

- **Participação voluntária:** Garantir o consentimento informado dos dadores, incluindo dadores de gâmetas e dadores de embriões, é essencial para defender a autonomia e respeitar os direitos individuais na investigação de células estaminais. Os participantes devem ser plenamente informados sobre a natureza, os riscos e os potenciais benefícios da participação na investigação.

- **Privacidade dos dados:** Salvaguardar a privacidade e a confidencialidade das informações dos dadores, incluindo dados genéticos e médicos, é crucial para proteger os direitos de privacidade individuais e impedir a utilização não autorizada ou a divulgação de informações sensíveis.

4. **Supervisão regulamentar e directrizes:**

- **Comités de Ética:** Os comités de análise institucional (IRBs) e os comités de ética desempenham um papel crucial na avaliação da aceitabilidade ética das propostas de investigação em células estaminais, na avaliação dos riscos e benefícios e na garantia do cumprimento das normas éticas e dos requisitos regulamentares.

- **Directrizes nacionais e internacionais:** Os quadros regulamentares, como as directrizes dos National Institutes of Health (NIH) nos Estados Unidos e os regulamentos da União Europeia, fornecem directrizes éticas e mecanismos de supervisão para a investigação em células estaminais humanas, abordando questões como a doação de embriões, o consentimento informado e a transparência da investigação.

5. **Equidade e justiça social:**

- **Acesso a terapias:** Assegurar o acesso equitativo às terapias com células estaminais, em particular para as populações carenciadas e marginalizadas, é essencial para promover a justiça social e abordar as disparidades no acesso aos cuidados de saúde e nos resultados.

- **Colaboração global:** São necessários esforços de colaboração entre investigadores, decisores políticos e partes interessadas de diversas regiões geográficas para promover práticas éticas de investigação em células estaminais, facilitar a partilha de conhecimentos e enfrentar os desafios globais da saúde.

As considerações éticas desempenham um papel crucial na orientação da investigação sobre células estaminais humanas, moldando as prioridades da investigação, as políticas regulamentares e as percepções do público. Equilibrar o avanço científico com princípios éticos como o respeito pela dignidade humana, autonomia e justiça é essencial para promover práticas de investigação de células estaminais responsáveis e socialmente benéficas.

Várias considerações religiosas na investigação de células estaminais humanas

A investigação em células estaminais humanas suscita considerações éticas e religiosas complexas devido às suas implicações para a santidade da vida, o estatuto moral dos embriões e a prossecução do progresso científico. Diferentes tradições religiosas oferecem perspectivas diversas sobre a permissibilidade ética da investigação em células estaminais, reflectindo frequentemente crenças profundas sobre o início da vida, a dignidade humana e a gestão da criação. Esta nota explora as várias considerações religiosas sobre a investigação de células estaminais humanas, examinando os pontos de vista das principais religiões do mundo e o seu impacto no discurso ético e nas decisões políticas.

1. O cristianismo:

a. **Catolicismo:** A Igreja Católica opõe-se à utilização de células estaminais embrionárias obtidas a partir da destruição de embriões humanos, considerando-a uma violação da santidade da vida. No entanto, a bioética católica pode apoiar a investigação que envolva células estaminais adultas ou células estaminais pluripotentes induzidas (iPSC) obtidas a partir de fontes não destrutivas.

b. **Protestantismo:** As denominações protestantes variam nas suas opiniões sobre a investigação em células estaminais, sendo que algumas apoiam a investigação em células estaminais adultas e opõem-se à utilização de células estaminais embrionárias. Outras sublinham a importância das considerações éticas e dos avanços científicos na determinação da permissibilidade da investigação com células estaminais.

2. O Islão:

a. **Respeito pela vida:** Os ensinamentos islâmicos enfatizam a santidade da vida e a responsabilidade de a proteger e preservar. Muitos estudiosos islâmicos opõem-se à utilização de células estaminais embrionárias derivadas da destruição de embriões humanos, considerando-a uma violação do direito à vida.

b. **Permissibilidade das células estaminais adultas:** Algumas interpretações do Islão permitem a utilização de células estaminais adultas para investigação e terapia, desde que sejam obtidas de forma ética e não impliquem danos para a vida humana.

3. Judaísmo:

a. **Valor da Vida:** A ética judaica dá prioridade ao valor da vida humana e ao princípio de pikuach nefesh, que permite certas acções para salvar vidas. Enquanto algumas autoridades judaicas se opõem à utilização de células estaminais embrionárias, outras permitem-na em condições estritas, como quando a investigação visa aliviar o sofrimento ou salvar vidas.

b. **Importância da intenção:** A lei judaica considera a intenção por detrás de uma ação como crucial para determinar a sua permissibilidade moral. A investigação em células estaminais pode ser permitida se for conduzida com intenções nobres e salvaguardas éticas para evitar danos aos embriões.

4. Hinduísmo:

a. **Reverência pela vida:** O hinduísmo enfatiza a reverência por todas as formas de vida e a interconexão dos seres vivos. Alguns estudiosos hindus opõem-se à destruição de embriões humanos para a investigação de células estaminais, enquanto outros apoiam a utilização de fontes não destrutivas, como as células estaminais adultas.

b. **Karma e Dharma:** A ética hindu considera as consequências das acções (karma) e a adesão aos deveres morais (dharma). A investigação em células estaminais deve ser conduzida de acordo com estes princípios, assegurando que promove o bem-estar dos indivíduos e respeita a santidade da vida.

5. Budismo:

a. **Compaixão e não causar dano:** A ética budista dá prioridade à compaixão (karuna) e ao não causar dano (ahimsa) a todos os seres vivos. Enquanto algumas perspectivas budistas podem opor-se à utilização de células estaminais embrionárias devido à preocupação de prejudicar os embriões, outras podem apoiar a investigação que alivia o sofrimento e promove o bem-estar humano.

b. **Caminho do meio:** O budismo defende uma abordagem do caminho do meio que equilibra considerações éticas com a busca do conhecimento científico e do progresso médico. A investigação em células estaminais deve ser conduzida com atenção e discernimento ético, evitando extremos de exploração ou dano.

Várias tradições religiosas oferecem perspectivas matizadas sobre a permissibilidade ética da investigação em células estaminais humanas, reflectindo diversas crenças sobre o início da vida, a santidade da vida humana e a responsabilidade moral. Através do diálogo e da reflexão ética informados por valores religiosos, os investigadores, decisores políticos e especialistas em ética podem navegar no complexo terreno ético da investigação em células estaminais, respeitando simultaneamente os diversos pontos de vista religiosos.

Considerações sobre a regulamentação pré-clínica e a defesa dos doentes na terapia com células estaminais

A terapia com células estaminais surgiu como uma via promissora para o tratamento de uma vasta gama de doenças e lesões, oferecendo o potencial para a regeneração de tecidos e a restauração funcional. No entanto, antes de poderem ser introduzidas na prática clínica, estas terapias devem ser submetidas a uma avaliação pré-clínica rigorosa e a um controlo regulamentar para garantir a segurança, a eficácia e a integridade ética. Além disso, a defesa dos doentes desempenha um papel crucial na salvaguarda dos seus interesses, na promoção de decisões informadas e na defesa de um acesso equitativo aos tratamentos emergentes. Esta nota explora as considerações regulamentares pré-clínicas que envolvem a terapia com células estaminais e a importância da defesa dos doentes no avanço desta área.

1. Considerações regulamentares pré-clínicas:

a. **Avaliação da segurança e da eficácia:** Os estudos pré-clínicos são essenciais para avaliar a segurança e a eficácia das terapias baseadas em células estaminais antes de estas avançarem para ensaios clínicos. Estes estudos envolvem uma experimentação rigorosa, incluindo ensaios in vitro, modelos animais e testes de toxicidade, para avaliar o potencial terapêutico e os riscos potenciais associados às intervenções com células estaminais.

b. **Supervisão regulamentar:** As agências reguladoras, como a Food and Drug Administration (FDA) nos Estados Unidos e a European Medicines Agency (EMA) na Europa, supervisionam o desenvolvimento pré-clínico das terapias com células estaminais. Os investigadores têm de cumprir as directrizes regulamentares e as normas de Boas Práticas de Laboratório (BPL) para garantir a qualidade, reprodutibilidade e fiabilidade dos dados pré-clínicos.

c. **Considerações éticas:** A investigação pré-clínica que envolve células estaminais suscita preocupações éticas relacionadas com o consentimento informado, o bem-estar dos animais e a utilização de embriões humanos. As comissões de análise ética e os comités de análise institucional desempenham um papel fundamental na avaliação das implicações éticas dos protocolos de investigação e na garantia do cumprimento das normas e directrizes éticas.

2. Defesa dos doentes na terapia com células estaminais:

a. **Educação e tomada de decisões informadas:** As organizações de defesa dos doentes desempenham um papel vital na educação dos doentes sobre a terapia com células estaminais, fornecendo informações precisas sobre os potenciais benefícios, riscos e incertezas associados às opções de tratamento. Os grupos de apoio permitem que os pacientes tomem decisões informadas sobre a participação em ensaios clínicos e o acesso a terapias experimentais.

b. **Proteção dos direitos dos doentes:** As organizações de defesa dos direitos dos doentes defendem os direitos dos doentes inscritos em ensaios clínicos, assegurando que os seus interesses são representados e que as suas vozes são ouvidas nos protocolos de investigação e nas discussões regulamentares. Os esforços de defesa centram-se na promoção da segurança, privacidade e autonomia dos doentes ao longo do processo de investigação e tratamento.

c. **Facilitação do acesso:** Os grupos de defesa dos doentes trabalham para facilitar o acesso dos doentes necessitados às terapias com células estaminais, defendendo a simplificação dos processos regulamentares, a expansão da cobertura dos seguros e a melhoria da acessibilidade dos tratamentos. Os esforços de sensibilização têm como objetivo reduzir as barreiras ao acesso e garantir uma distribuição equitativa das terapias inovadoras.

3. Desafios e direcções futuras:

a. **Harmonização regulamentar:** A harmonização dos quadros regulamentares em diferentes jurisdições e a simplificação dos processos regulamentares podem acelerar a tradução das terapias com células estaminais da investigação pré-clínica para a aplicação clínica. Os esforços de colaboração entre reguladores, investigadores e partes interessadas da indústria são essenciais para enfrentar os desafios regulamentares e facilitar as aprovações atempadas.

b. **Maior envolvimento dos doentes:** O reforço do envolvimento dos doentes no processo de investigação e desenvolvimento é crucial para garantir que as terapias com células estaminais satisfazem as necessidades e preferências dos doentes. As organizações de defesa dos doentes podem desempenhar um papel fundamental na facilitação do envolvimento dos doentes na conceção da investigação, no recrutamento para ensaios clínicos e na tomada de decisões regulamentares.

As considerações regulamentares pré-clínicas e a defesa dos doentes são componentes integrais da via de translação para a terapia com células estaminais. Ao aderir a normas regulamentares rigorosas, ao promover a tomada de decisões informadas e ao defender os direitos e o acesso dos doentes, as partes interessadas podem fazer avançar o desenvolvimento e a implementação de tratamentos baseados em células estaminais seguros, eficazes e eticamente sólidos para os doentes necessitados.

Vários organismos modelo na terapia com células estaminais

Os organismos-modelo têm desempenhado um papel fundamental no avanço da nossa compreensão da biologia das células estaminais e no desenvolvimento de terapias baseadas em células estaminais. Estes organismos oferecem vantagens únicas, incluindo a capacidade de tratamento genético, a possibilidade de manipulação experimental e a relevância fisiológica, tornando-os ferramentas valiosas para o estudo do comportamento das células estaminais, da regeneração de tecidos e da modelação de doenças. Esta nota explora os diversos organismos modelo utilizados na investigação em células estaminais e os seus contributos para o desenvolvimento terapêutico.

1. **Rato (Mus musculus):**

     • **Vantagens:** O ratinho é um organismo modelo bem estabelecido para o estudo da biologia e da genética dos mamíferos. Os modelos de ratinhos transgénicos e knockout permitem aos investigadores manipular a expressão dos genes e estudar a função de genes específicos na regulação, diferenciação e desenvolvimento das células estaminais.

     • **Aplicações:** As células estaminais embrionárias de ratinho (ESCs) e as células estaminais pluripotentes induzidas (iPSCs) são instrumentos valiosos para modelizar doenças humanas, selecionar candidatos a medicamentos e testar a eficácia e segurança de terapias baseadas em células estaminais em estudos pré-clínicos.

2. **Peixe-zebra (Danio rerio):**

     • **Vantagens:** Os embriões de peixe-zebra são transparentes e desenvolvem-se rapidamente, permitindo a visualização em tempo real do comportamento das células estaminais, da regeneração de tecidos e do desenvolvimento de órgãos. Os peixes-zebra possuem capacidades regenerativas robustas, o que os torna ideais para o estudo da reparação e regeneração de tecidos mediada por células estaminais.

- **Aplicações:** Os peixes-zebra são modelos poderosos para estudar o desenvolvimento dos vertebrados, a organogénese e a patogénese das doenças. São particularmente valiosos para investigar o potencial regenerativo das células estaminais em tecidos como o coração, a medula espinal e a retina.

3. **Mosca da fruta (Drosophila melanogaster):**

- **Vantagens:** As moscas da fruta são organismos geneticamente tratáveis com vias de desenvolvimento bem caracterizadas e vias de sinalização conservadas envolvidas na regulação das células estaminais e na homeostasia dos tecidos. A drosófila oferece um modelo simples e económico para estudar o comportamento das células estaminais e a regeneração dos tecidos.

- **Aplicações:** Os modelos de drosófila contribuíram para a nossa compreensão dos nichos de células estaminais, da divisão celular assimétrica e das vias de sinalização que regem a determinação do destino das células estaminais. Estes conhecimentos têm implicações para as terapias baseadas em células estaminais e para a medicina regenerativa.

4. **Caenorhabditis elegans:**

- **Vantagens:** O C. elegans é um organismo multicelular simples com um genoma totalmente sequenciado e uma linhagem de células bem definida. O seu corpo transparente e o seu curto tempo de vida tornam-no ideal para estudar a dinâmica das células estaminais, o envelhecimento e a regeneração dos tecidos.

- **Aplicações:** Os modelos de C. elegans têm sido utilizados para investigar o papel de vias de sinalização conservadas, tais como Notch e Wnt, na manutenção e diferenciação de células estaminais. Estes estudos fornecem informações sobre os mecanismos moleculares subjacentes à função e regeneração das células estaminais.

5. **Primatas não humanos (NHPs):**

   - **Vantagens:** Os primatas não humanos, como os macacos rhesus e os saguis, partilham semelhanças genéticas, fisiológicas e anatómicas com os seres humanos, o que os torna modelos valiosos para o estudo da biologia das células estaminais e das aplicações terapêuticas num contexto clinicamente mais relevante.

   - **Aplicações:** Os modelos NHP são utilizados para avaliar a segurança, a eficácia e os efeitos a longo prazo de terapias baseadas em células estaminais antes de avançar para ensaios clínicos em humanos. Os estudos com NHP fornecem informações essenciais sobre a compatibilidade imunitária, a tumorigenicidade e a integração funcional das células estaminais transplantadas.

Vários organismos modelo oferecem vantagens únicas para o estudo da biologia das células estaminais, regeneração de tecidos e desenvolvimento terapêutico. Tirando partido dos pontos fortes destes sistemas-modelo, os investigadores podem elucidar os princípios fundamentais da regulação das células estaminais, testar novas estratégias terapêuticas e acelerar a tradução de terapias baseadas em células estaminais da bancada para a cabeceira do doente.

Várias técnicas de isolamento de células estaminais

O isolamento de células estaminais é um passo fundamental na investigação e terapia com células estaminais, permitindo a purificação de populações celulares específicas com propriedades de células estaminais a partir de tecidos heterogéneos ou culturas celulares. Foram desenvolvidas várias técnicas de isolamento para isolar células estaminais com base nas suas características únicas, tais como marcadores de superfície, tamanho, densidade ou propriedades funcionais. Esta nota fornece uma visão geral das diferentes técnicas de isolamento de células estaminais e das suas aplicações na investigação e em contextos clínicos.

1. Seleção de células activadas por fluorescência (FACS):

- **Princípio:** O FACS utiliza a tecnologia de citometria de fluxo para analisar e ordenar as células com base na sua intensidade de fluorescência. As células estaminais são marcadas com anticorpos fluorescentes que visam marcadores de superfície específicos associados ao carácter estaminal, sendo depois ordenadas com base no seu perfil de fluorescência.

- **Aplicações:** O FACS permite o isolamento de alto rendimento de populações puras de células estaminais a partir de misturas celulares complexas, como a medula óssea, o sangue periférico ou tecidos dissociados. É amplamente utilizado na investigação para isolar e caraterizar vários tipos de células estaminais, incluindo células estaminais hematopoiéticas, células estaminais mesenquimais e células estaminais neurais.

2. Seleção de células activadas por meios magnéticos (MACS):

- **Princípio:** O MACS utiliza nanopartículas magnéticas conjugadas com anticorpos contra marcadores de células estaminais para marcar e isolar seletivamente as células alvo. A mistura de células é passada através de uma coluna magnética e as células marcadas magneticamente são retidas enquanto as células não marcadas são lavadas.

- **Aplicações:** O MACS oferece um método rápido e eficiente para isolar células estaminais de diversas fontes de tecido, incluindo medula óssea, sangue do cordão umbilical e tecido adiposo. É amplamente utilizado em ambientes clínicos e de investigação para aplicações de terapia celular, como o transplante de células estaminais hematopoiéticas e a engenharia de tecidos.

3. **Centrifugação de gradiente de densidade:**

- **Princípio:** A centrifugação por gradiente de densidade separa as células com base na sua densidade de flutuação num meio de gradiente de densidade. As células são colocadas em camadas no topo do gradiente e centrifugadas, resultando na formação de bandas celulares distintas correspondentes a diferentes densidades.

- **Aplicações:** A centrifugação em gradiente de densidade é normalmente utilizada para isolar células estaminais de suspensões celulares heterogéneas, tais como aspirados de medula óssea ou sangue periférico. É particularmente útil para isolar células estaminais mesenquimais, que apresentam uma densidade de flutuação inferior à de outros tipos de células.

4. **Seleção de células por tamanho e forma:**

- **Princípio:** As células estaminais podem ser isoladas com base no seu tamanho e forma utilizando técnicas como a filtração, a peneiração ou a microfluídica. Estes métodos exploram as diferenças de tamanho ou deformabilidade das células para separar as células estaminais de outros tipos de células presentes na mistura.

- **Aplicações:** As técnicas de isolamento baseadas no tamanho são adequadas para o isolamento de células estaminais com características morfológicas específicas, como as células estaminais embrionárias ou as células estaminais neurais. Os dispositivos microfluídicos oferecem um controlo preciso da triagem de células e podem isolar populações de células raras com elevada pureza.

As técnicas de isolamento de células estaminais desempenham um papel crucial no avanço da investigação sobre células estaminais e nas aplicações terapêuticas. Ao utilizar uma combinação de métodos de isolamento adaptados a tipos e fontes específicos de células estaminais, os investigadores podem obter populações puras e homogéneas de células estaminais para aplicações a jusante, incluindo a medicina regenerativa, a modelização de doenças e a descoberta de medicamentos.

Várias técnicas de caraterização de células estaminais isoladas

A caraterização de células estaminais isoladas é essencial para compreender as suas propriedades, comportamento e potenciais aplicações na medicina regenerativa e na investigação. Foram desenvolvidas várias técnicas para caraterizar as células estaminais a nível molecular, celular e funcional, permitindo aos investigadores avaliar o seu carácter estaminal, o seu potencial de diferenciação e o compromisso com a linhagem. Esta nota fornece uma visão geral das diferentes técnicas de caraterização de células estaminais isoladas e das suas aplicações na biologia das células estaminais.

1. **Imunocitoquímica (ICC):**

   - **Princípio:** A ICC envolve a marcação de células estaminais com anticorpos fluorescentes que visam marcadores específicos da superfície celular ou proteínas intracelulares associadas ao carácter estaminal. As células são depois visualizadas utilizando microscopia de fluorescência para avaliar a expressão dos marcadores e a localização subcelular.

   - **Aplicações:** A ICC é normalmente utilizada para identificar e caraterizar populações de células estaminais com base na expressão de marcadores-chave como Oct4, Nanog, Sox2 (para células estaminais pluripotentes), CD34, CD44, CD90 (para células estaminais mesenquimais) e Nestin (para células estaminais neurais). Fornece informações qualitativas sobre os padrões de expressão dos marcadores e a localização celular.

2. Citometria de fluxo:

- **Princípio:** A citometria de fluxo permite a análise quantitativa de populações de células com base na sua intensidade de fluorescência e propriedades de dispersão. As células estaminais são marcadas com anticorpos fluorescentes que visam marcadores de superfície específicos, sendo depois analisadas utilizando citómetros de fluxo equipados com lasers e detectores.

- **Aplicações:** A citometria de fluxo é amplamente utilizada para quantificar a expressão de marcadores de células estaminais e avaliar a heterogeneidade das populações de células estaminais. Fornece dados quantitativos sobre os níveis de expressão dos marcadores, o estado do ciclo celular e a apoptose, permitindo aos investigadores caraterizar os subconjuntos de células estaminais e monitorizar as alterações do seu fenótipo ao longo do tempo.

3. Análise da expressão genética:

- **Princípio:** As técnicas de análise da expressão dos genes, como a transcrição reversa da reação em cadeia da polimerase (RT-PCR), a PCR quantitativa (qPCR) e a sequenciação do ARN (RNA-seq), quantificam os níveis de expressão de genes específicos nas células estaminais.

- **Aplicações:** A análise da expressão dos genes permite aos investigadores avaliar a expressão de genes-chave associados ao estaminus, à diferenciação e ao compromisso de linhagem. Fornece informações sobre os mecanismos moleculares subjacentes à regulação e função das células estaminais, bem como sobre os efeitos de tratamentos experimentais ou manipulações genéticas.

4. Ensaios funcionais:

- **Princípio:** Os ensaios funcionais avaliam a auto-renovação, o potencial de diferenciação e a capacidade clonogénica das células estaminais in vitro ou in vivo. Estes ensaios incluem ensaios de unidades formadoras de colónias (CFU), ensaios de formação de esferas e ensaios de diferenciação específicos de linhagens.

- **Aplicações:** Os ensaios funcionais permitem a validação funcional das propriedades das células estaminais e a avaliação do seu potencial regenerativo in vitro e in vivo. São utilizados para quantificar a frequência dos progenitores de células estaminais, avaliar a sua multipotência e determinar a sua ligação à linhagem em diferentes condições experimentais.

Várias técnicas de caraterização permitem aos investigadores avaliar o carácter estaminal, o potencial de diferenciação e as propriedades funcionais das células estaminais isoladas. Ao utilizar uma combinação de ensaios moleculares, celulares e funcionais, os investigadores podem obter uma compreensão abrangente da biologia das células estaminais e aproveitar o seu potencial terapêutico para a regeneração de tecidos, modelação de doenças e descoberta de medicamentos.

REFERÊNCIAS

- Atala, A. (2019). Células estaminais e medicina regenerativa: avanços na engenharia de tecidos. Jornal de Engenharia de Tecidos e Medicina Regenerativa, 13(10), 1773-1774.

- Bang, O. Y., Lee, J. S., Lee, P. H., & Lee, G. (2005). Transplante autólogo de células estaminais mesenquimais em doentes com AVC. Annals of Neurology, 57(6), 874-882.

- Barcellos-de-Souza, P., & Gori, V. (2018). O papel das células estaminais mesenquimais na patogénese do cancro e as implicações para a terapia clínica. Fronteiras em Imunologia, 9, 1293.

- Barker, R. A., Parmar, M., Studer, L., & Takahashi, J. (2017). Ensaios em humanos de neurónios de dopamina derivados de células estaminais para a doença de Parkinson: o início de uma nova era. Cell Stem Cell, 21(5), 569-573.

- Baumann, M., & Gluckman, E. (2004). Plasticidade das células estaminais. Journal of Hematotherapy & Stem Cell Research, 13(6), 631-634.

- Baust, J. M., Corwin, W., Snyder, K. K., & Van Buskirk, R. (2002). Cryopreservation: Evolução das estratégias de base molecular. Em Cryopreservation and Freeze-Drying Protocols (Protocolos de criopreservação e liofilização) (pp. 1-22). Humana Press.

- Baylis, F., & McLeod, C. (2007). Primeiros ensaios de fase 1 em humanos de edição de genes CRISPR contra o cancro: Estamos preparados? Current Gene Therapy, 17(4), 309-319.

- Campbell, K. H. S., & Wilmut, I. (1999). Nuclear transfer technology-will applications extend beyond cloning? Nature Biotechnology, 17(11), 965-970.

  - Casiraghi, F., & Perico, N. (2020). Transplante renal: Utilização de células estaminais para reparar o rim. Transplant International, 33(3), 235-243.

- Caulfield, T., & Murdoch, C. J. (2017). Genes, células e biobancos: Sim, ainda há um problema de consentimento. PLoS Biology, 15(7), e2002654.

- Chakraborty, S. (2015). Terapia com células estaminais à luz da Shari'ah. Hamdard Islamicus, 38(4), 7-26.

- Chalmers, I., & Glasziou, P. (2009). Avoidable waste in the production and reporting of research evidence (Desperdício evitável na produção e divulgação de provas de investigação). The Lancet, 374(9683), 86-89.

- Chaudhari P, Ye Z, Jang YY. Papel das espécies reactivas de oxigénio no destino das células estaminais. Antioxid Redox Signal. 2014;20(12):1881-1890.

- Chayosumrit, M., Tuch, B., & Sidhu, K. (2010). Microcápsula de alginato para propagação e diferenciação dirigida de hESCs para endoderme definitivo. Biomaterials, 31(3), 505-514.

- Chen, G., & Chan, P. (2017). Terapias baseadas em células estaminais na doença de Parkinson. Medicina Regenerativa, 12(1), 3-6.

- Chen, S. L., & Fang, W. (2019). Terapia genética para hemofilia: Progresso até à data. BioDrugs, 33(1), 1-14.

- Cho, M., Magnus, D., & Caplan, A. (2018). Considerações éticas na investigação de células estaminais: Avançar as considerações éticas da pesquisa com células-tronco. Cell Stem Cell, 22(6), 769-774.

- Clevers, H., & Nusse, R. (2012). Sinalização e doença de Wnt/β-Catenina. Cell, 149(6), 1192-1205.

- Cohen, C. B. (2007). A religião e os limites morais da investigação sobre embriões. Revista do Instituto Kennedy de Ética, 17(4), 365-395.

- Cova, L., & Armentero, M. T. (2012). Terapia celular para doenças neurodegenerativas. Current Drug Targets, 13(1), 184-199.

- Cova, L., & Armentero, M. T. (2012). Terapia celular para doenças neurodegenerativas. Current Drug Targets, 13(1), 184-199.

- Currie, J. D., & Rogers, S. L. (2020). Modelos animais de terapia com células estaminais para reparação cardíaca. Opções de tratamento actuais em medicina cardiovascular, 22(2), 1-13.

- Daley GQ. The promise and perils of stem cell therapeutics (A promessa e os perigos da terapêutica com células estaminais). Cell Stem Cell. 2012;10(6):740-749.

- Davidson, E. H., & Levine, M. S. (2008). Propriedades das redes reguladoras de genes do desenvolvimento. Proceedings of the National Academy of Sciences, 105(51), 20063-20066.

- Ding VM, Ling L, Natarajan S, et al. Modelação da rede de factores de transcrição humana para prever a expressão genética. Cell. 2014;158(1):1-12.

- Dominici, M., & Le Blanc, K. (2006). Critérios mínimos para a definição de células estromais mesenquimais multipotentes. The International Society for Cellular Therapy position statement. Cytotherapy, 8(4), 315-317.

- Doshi, B. S., & Arruda, V. R. (2018). Terapia gênica para hemofilia: O que o futuro lhe reserva? Avanços Terapêuticos em Hematologia, 9(10), 273-293.

- Du, Z. W., & Chen, J. (2013). Reprogramação celular: uma nova era na biologia das células estaminais. Journal of Zhejiang University Science B, 14(11), 911-924.

- Duan, Y., & Catana, A. (2015). Avanços nas células estaminais para o tratamento de doenças do fígado. Opinião de especialistas em terapia biológica, 15(10), 1379-1395.

- Eid, H. M., & Kurjak, A. (2017). Religião e células estaminais. The Journal of Maternal-Fetal & Neonatal Medicine, 30(16), 1911-1915.

- Eleuteri, S., & Wilkinson, H. N. (2019). Potencial regenerativo das células estaminais/progenitoras renais: mitos e equívocos. Fronteiras em Biologia Celular e do Desenvolvimento, 7, 348.

- Evans MJ, Kaufman MH. Estabelecimento em cultura de células pluripotenciais a partir de embriões de ratinho. Nature. 1981;292(5819):154-156.

- Fisher, S. A., Doree, C., Mathur, A., et al. (2016). Terapia com células estaminais para doença cardíaca isquémica crónica e insuficiência cardíaca congestiva. Base de Dados Cochrane de Revisões Sistemáticas, 12(12), CD007888.

- Forbes, S. J., & Newsome, P. N. (2016). Regeneração do fígado: Mecanismos e modelos para aplicação clínica. Nature Reviews Gastroenterology & Hepatology, 13(8), 473-485.

- Gage FH, Temple S. Neural stem cells: generating and regenerating the brain. Neuron. 2013;80(3):588-601.

- Gilbert, S. F. (2000). Developmental Biology (6ª ed.). Sunderland, MA: Sinauer Associates.

- Golpanian, S., & Wolf, A. (2019). Terapia com células estaminais para doenças cardiovasculares: progressos e desafios. Cells, 8(10), 1128.

- Hyun, I. (2008). A bioética da investigação e da terapia com células estaminais. Journal of Clinical Investigation, 118(9), 3211-3218.

- Ivanovic Z. Hematopoietic stem cells in research and clinical applications: the "CD34 issue". World J Stem Cells. 2010;2(4):52-61.

- Jiang, W., & Guo, Z. (2017). Potencial terapêutico da terapia com células estaminais mesenquimais humanas para o cancro do fígado. Stem Cells International, 2017, 1-9.

- Karimi-Busheri, F., Rasouli-Nia, A., Mackey, J. R., & Weinfeld, M. (2013). Evasão de senescência por células iniciadoras de tumor de mama humana MCF-7. Investigação do Cancro da Mama, 15(4), R31.

- Kaur, S., & Singhal, N. (2015). Regeneração do fígado e células estaminais. Liver Transplantation, 21(6), 727-738.

- Kiecker, C., & Niehrs, C. (2001). Um gradiente morfogênico da sinalização Wnt/β-catenina regula o padrão neural ântero-posterior em Xenopus. Desenvolvimento, 128(21), 4189-4201.

- Kokaia, Z., & Lindvall, O. (2003). Reparação de células estaminais na isquemia estriatal. Neuroscience Letters, 339(3), 171-174.

- Kokaia, Z., Martino, G., Schwartz, M., & Lindvall, O. (2012). Cross-talk entre células estaminais neurais e células imunitárias: a chave para uma melhor reparação cerebral? Nature Neuroscience, 15(8), 1078-1087.

- Levine, A. D. (2006). Ethics and regulation of clinical research (2ª ed.). Yale University Press.

- Lindvall, O., & Kokaia, Z. (2006). Stem cells in human neurodegenerative disorders-time for clinical translation? The Journal of Clinical Investigation, 116(5), 1167-1174.

- Liochev, S. I. (2014). Espécies reativas de oxigênio e a teoria dos radicais livres do envelhecimento. Biologia e Medicina dos Radicais Livres, 60, 1-4.

- Liu, Y. (2019). Medicina regenerativa renal: avanços no uso da terapia com células estaminais e engenharia de tecidos. BioMed Research International, 2019, 1-10.

- Lo, B., & Parham, L. (2009). Questões éticas na investigação de células estaminais. Endocrine Reviews, 30(3), 204-213.

- Loh, K. M., & Lim, B. (2011). Um equilíbrio precário: factores de pluripotência como especificadores de linhagem. Cell Stem Cell, 8(4), 363-369.

• Loi, P., Ptak, G., Barboni, B., Fulka, J., Cappai, P., & Clinton, M. (2001). Genetic rescue of an endangered mammal by cross-species nuclear transfer using post-mortem somatic cells. Nature Biotechnology, 19(10), 962-964.

• Madonna, R., Van Laake, L. W., Davidson, S. M., et al. (2020). Position Paper of the European Society of Cardiology Working Group Cellular Biology of the Heart: cell-based therapies for myocardial repair and regeneration in ischemic heart disease and heart failure. Jornal Europeu do Coração, 41(8), 869876.

• Marbán, E. (2018). Um roteiro mecanicista para a aplicação clínica de terapias celulares cardíacas. Nature Biomedical Engineering, 2(6), 353-361.

• Martino, G., & Pluchino, S. (2006). O potencial terapêutico das células estaminais neurais. Nature Reviews Neuroscience, 7(5), 395-406.

• Martins, J. P., Santos, J. M., de Almeida, J. M., Filipe, M. A., de Almeida, M. V., & Almeida, S. C. (2014). Criopreservação de tecido do cordão umbilical humano: um novo método utilizando a vitrificação. Cryobiology, 69(2), 412-421.

• Master, Z., & Zarzeczny, A. (2014). Ciência pré-clínica e reforma regulamentar na terapia com células estaminais. Revisões e relatórios sobre células estaminais, 10(4), 501-507.

• Ming GL, Song H. Adult neurogenesis in the mammalian brain: significant answers and significant questions. Neuron. 2011;70(4):687-702.

• Morrison, S. J., & Spradling, A. C. (2008). Células estaminais e nichos: Mechanisms That Promote Stem Cell Maintenance Throughout Life (Mecanismos que promovem a manutenção das células estaminais ao longo da vida). Cell, 132(4), 598-611.

• Munsie, M., & Hyun, I. (2014). Da bancada para a cabeceira da cama:

Ultrapassar as barreiras à tradução da investigação sobre células estaminais para a prática. Cell Stem Cell, 14(3), 300-302.

- Nathwani, A. C., & Davidoff, A. M. (2020). Combatendo a hemofilia com terapia genética. New England Journal of Medicine, 382(1), 76-78.

- Academias Nacionais de Ciências, Engenharia e Medicina. (2017). Orientações para a investigação de células estaminais embrionárias humanas. Imprensa das Academias Nacionais.

- Institutos Nacionais de Saúde. (2016). Informação sobre células estaminais: Ética. Recuperado de https://stemcells.nih.gov/ethics

- Nuschke, A. (2014). Atividade das células estaminais mesenquimais em terapias para a cicatrização de feridas cutâneas crónicas. Organogénese, 10(1), 29-37.

- Orkin SH, Zon LI. Hematopoiese: um paradigma em evolução para a biologia das células estaminais. Cell. 2008;132(4):631-644.

- Parekkadan, B., & Milwid, J. M. (2010). Células estaminais mesenquimais como terapêutica. Revisão Anual de Engenharia Biomédica, 12, 87-117.

- Perico, L., & Remuzzi, G. (2015). Células estromais mesenquimais para promover a tolerância do transplante renal. Opinião Atual em Transplante de Órgãos, 20(1), 54-60.

- Peyvandi, F., & Garagiola, I. (2016). Terapia com células estaminais para a hemofilia: Pronto para o horário nobre? Haematologica, 101(7), 767-769.

- Pittenger, M. F., et al. (1999). Multilineage potential of adult human mesenchymal stem cells. Science, 284(5411), 143-147.

- Pittenger, M. F., et al. (1999). Multilineage potential of adult human mesenchymal stem cells. Science, 284(5411), 143-147.

- Rideout, W. M., Hochedlinger, K., Kyba, M., Daley, G. Q., & Jaenisch, R.

(2002). Nuclear cloning and epigenetic reprogramming of the genome (Clonagem nuclear e reprogramação epigenética do genoma). Science, 293(5532), 1093-1098.

- Rossant J, Tam PP. Blastocyst lineage formation, early embryonic asymmetries and axis patterning in the mouse. Development. 2009;136(5):701-713.

- Rossi, F. M. V., & Blau, H. M. (2001). Envelhecimento, células estaminais e regeneração de tecidos: Lessons from muscle. Cell, 105(2), 243-256.

- Savitz, S. I., & Chopp, M. (2015). Células estaminais e AVC: estamos mais longe do que alguém está disposto a admitir? Stem Cell Translational Medicine, 4(4), 381382.

- Scadden, D. T. (2006). O nicho das células estaminais como entidade de ação. Nature, 441(7097), 1075-1079.

- Shams, M., & Madani, T. (2018). Terapia com células estaminais para hemofilia. Trombose Clínica e AplicadaZHemostasis, 24(7), 1076029618796253.

- Shi, M., & Zhang, Z. (2017). Transplante de hepatócitos para doença hepática: Estado atual e desafios. Transplante de Células, 26(7), 1031-1039.

- Smith, R. R., Barile, L., Cho, H. C., et al. (2017). Potencial regenerativo de células derivadas da cardiosfera expandidas a partir de amostras de biópsia endomiocárdica percutânea. Circulation, 115(7), 896-908.

- Stocum, D. L. (2001). Regeneração de anfíbios e células estaminais. Current Topics in Microbiology and Immunology, 280, 1-70.

- Svendsen, C. N., & Langston, J. (2012). Células estaminais para a doença de Parkinson e ELA: substituição ou proteção? Nature Medicine, 18(5), 615-616.

- Svendsen, C. N., & Langston, J. (2012). Células estaminais para a doença de Parkinson e ELA: substituição ou proteção? Nature Medicine, 18(5), 615-616.

- Takahashi K, Yamanaka S. Induction of pluripotent stem cells from mouse embryonic and adult fibroblast cultures by defined factors. Cell. 2006;126(4):663-676.

- Tam, P. P., & Loebel, D. A. (2007). Gene function in mouse embryogenesis: get set for gastrulation. Nature Reviews Genetics, 8(5), 368-381.

- Tetzlaff, W., Okon, E. B., Karimi-Abdolrezaee, S., & Hill, C. E. (2011). Spinal cord injury: a challenge and opportunity for research (Lesão da medula espinal: um desafio e uma oportunidade para a investigação). Journal of Neuroscience Research, 89(3), 345-363.

- Thomson, J. A., Itskovitz-Eldor, J., Shapiro, S. S., et al. (1998). Linhas de células estaminais embrionárias derivadas de blastocistos humanos. Science, 282(5391), 11451147.

- Togel, F., & Westenfelder, C. (2010). Proteção e regeneração do rim após lesão aguda: progressos através da terapia com células estaminais. American Journal of Kidney Diseases, 56(6), 1168-1179.

- Trounson, A., & McDonald, C. (2015). Terapias com células estaminais em ensaios clínicos: Progressos e desafios. Cell Stem Cell, 17(1), 11-22.

- Ullah, M., & Liu, D. (2019). Vesículas extracelulares derivadas de células cancerosas: Uma faca de dois gumes na biologia do cancro. Cancros, 11(9), 1440.

- Wei, X., et al. (2013). Células estaminais mesenquimais: uma nova tendência para a terapia celular. Ata Pharmacologica Sinica, 34(6), 747-754.

- Wei, X., et al. (2013). Células estaminais mesenquimais: uma nova tendência para a terapia celular. Ata Pharmacologica Sinica, 34(6), 747-754.Weiss, D. J., & Chambers, D. (2020). Terapias com células estaminais para lesões pulmonares COVID-19 e outras doenças pulmonares. Current Stem Cell

Reports, 6(1), 39-51.

- Wilmut, I., Schnieke, A. E., McWhir, J., Kind, A. J., & Campbell, K. H. S. (1997). Prole viável derivada de células fetais e adultas de mamíferos. Nature, 385(6619), 810-813.

- Wu SM, Hochedlinger K. Harnessing the potential of induced pluripotent stem cells for regenerative medicine [Aproveitar o potencial das células estaminais pluripotentes induzidas para a medicina regenerativa]. Nat Cell Biol. 2011;13(5):497-505.

- Yin, P. T., & Han, J. (2016). Terapia genética direcionada ao tumor baseada em células-tronco mesenquimais no câncer gastrointestinal. Stem Cells International, 2016, 1-11.

Books!

I want morebooks!

Buy your books fast and straightforward online - at one of world's fastest growing online book stores! Environmentally sound due to Print-on-Demand technologies.

Buy your books online at
www.morebooks.shop

Compre os seus livros mais rápido e diretamente na internet, em uma das livrarias on-line com o maior crescimento no mundo! Produção que protege o meio ambiente através das tecnologias de impressão sob demanda.

Compre os seus livros on-line em
www.morebooks.shop

info@omniscriptum.com
www.omniscriptum.com

Printed by Books on Demand GmbH, Norderstedt / Germany